医药高职高专院校药学教材

上海市高职高专药学专业"085工程"项目建设成果

无机及分析化学

WUJI JI FENXI HUAXUE

主 编 赵 梅

编 者（按姓氏汉语拼音排序）

陈群力　杜文炜　李　瑾　刘晓睿

陆　叶　唐　浩　熊野娟　姚　虹

张宜凡　张一芳　赵　梅　周淑琴

U0276854

复旦大学出版社

无机化学及分析化学是药学专业的重要基础课程,能为学生后续学习有机化学、药物化学、药物分析、药剂学等重要的药学专业课程打下坚实的化学基础。本教材的内容紧紧围绕药学专业人才的培养目标,根据药学专业的职业特点及高职高专药学专业基础化学的课程教学要求,以培养学生获得从事药学类职业岗位的基本职业能力为核心,突破传统教学内容和体系,以针对性和实用性为原则。在编写时注重理论知识联系实际应用、减少复杂的理论论述及公式推导、文字叙述深入浅出、知识点明确,使学生获得从事药学相关职业岗位必需的无机及分析化学的基础知识、基本理论、基本技能,初步形成应用所学知识分析和解决实际问题的能力,培养良好的职业道德和实事求是、精益求精的职业精神。

本教材在内容选编方面有以下特点。

1. 在探讨无机化学及分析化学知识相关性的基础上,将无机化学和分析化学中的化学分析知识有机整合,主要讲授物质的结构、常见元素及化合物、化学反应速率、化学平衡、酸碱平衡、沉淀溶解平衡等无机化学知识及常用的滴定分析法等化学分析方法,使学生在无机化学及分析化学的学习中实现知识的延续及整合。

2. 主要针对对象为药学及相关专业高职高专学生,在分析并准确把握本门课程在该专业课程体系中的定位和作用的基础上,结合《中华人民共和国药典》及药物临床应用中的典型实例,按照实际工作任务、工作过程适当引进药物发展的新内容,着重培养学生分析问题、解决问题的能力。

3. 根据章节内容、无机化学及分析化学的特点,设置了"知识链接",以扩大学生学习的视野、提高学生的学习兴趣。

4. 每章开始处给出学习目标,使学生明确本章节的学习重点。

5. 每章结尾处给出小结,使学生能及时总结所学重要知识点。

6. 每章给出相应的习题,帮助学生及时巩固所学知识点。

目 录

Mu Lu

第一章

物 质 结 构

无·机·及·分·析·化·学

知识链接

　　人类探索物质结构的历史由来已久。18 世纪,波义耳最早提出元素的科学定义;19 世纪初,道尔顿提出了原子学说;1811 年,阿伏伽德罗提出分子说,50 年后科学界承认了他的分子假说,确立了原子分子论;1869 年后,门捷列夫揭示元素周期律,从理论上指导了化学元素的发现和应用;1901 年,汤姆生提出电子在原子里的运动状态,即关于原子结构的模型,后人称为汤姆生模型;1909 年,卢瑟福从 α 粒子的散射实验得出原子的有核模型;1913 年,玻尔创立了原子结构理论。人类对物质结构的探索从未停止。

第一节　原 子 结 构

一、原子

(一) 原子的组成

　　原子是由居于原子中心的带正电的原子核和核外高速运动的带负电的电子构成。原子核由质子和中子构成。

　　核电荷数是指原子核所带的电荷数。原子核中每个质子带 1 个单位正电荷,中子不带电荷,因此,核电荷数由质子数决定。各元素按核电荷数由小到大的顺序进行编号,所得的序号称为该元素的原子序数,即原子序数在数值上等于该原子的核电荷数,如氧元素原子核

内有 8 个质子,原子的核电荷数为 8。

原子作为一个整体为电中性,原子核所带的正电量和核外电子所带的负电量相等。即 8 号氧元素,核电荷数为 8,核外有 8 个电子。

综上所述,在原子中存在以下关系:

$$原子序数 = 核电荷数 = 核内质子数 = 核外电子数$$

(二) 原子的质量

原子主要由质子、中子、电子组成。由于电子的质量很小,约为质子质量的 $\frac{1}{1836}$,所以在计算原子质量时,电子质量通常忽略不计,只计原子核质量(即质子和中子的质量总和)。

质子、中子的质量都很小,分别为 1.6726×10^{-27} kg 和 1.6748×10^{-27} kg。计算时,为方便起见,通常用质子、中子的相对质量进行,即以 ^{12}C 原子质量的 $\frac{1}{12}$(质量为 1.6606×10^{-27} kg)为衡量标准,质子和中子与它的相对质量分别为 1.007 和 1.008,取近似整数值为 1。将原子核内所有的质子和中子的相对质量取近似整数值相加,所得的数值称为原子的质量数,则:

$$质量数(A) = 质子数(Z) + 中子数(N)$$

如以 $^{A}_{Z}X$ 代表一个质量数为 A、质子数为 Z 的原子,则构成原子的粒子间的关系可以表示如下:

$$原子(^{A}_{Z}X) \begin{cases} 原子核 \begin{cases} 质子 & Z\ 个 \\ 中子(A-Z)\ 个 \end{cases} \\ 核外电子 & Z\ 个 \end{cases}$$

阳离子是原子失去核外电子,阴离子是原子得到电子。同种元素的原子和离子间的区别只是核外电子数目不同。

例如,$^{37}_{17}Cl$ 表示氯原子:质量数 37,质子数 17,中子数 20,核外电子数 17,是第 17 号元素。$^{37}_{17}Cl^-$ 表示带 1 个单位负电荷的氯离子:质量数 37,质子数 17,中子数 20,核外电子数 18。

二、同位素

元素是具有相同核电荷数(即核内质子数)的同一类原子的总称。核素是指具有一定数目质子和一定数目中子的一种原子。同位素是指质子数相同而中子数不同的同种元素的一组核素,即同位素是同一元素的不同原子,其原子具有相同数目的质子,但中子数目却不同。如氢元素的同位素有:$^{1}_{1}H$,$^{2}_{1}H$ 和 $^{3}_{1}H$;碳元素的同位素有 $^{12}_{6}C$,$^{13}_{6}C$ 和 $^{14}_{6}C$;碘元素的同位素有 $^{127}_{53}I$,$^{131}_{53}I$;钴元素的同位素有 $^{59}_{27}Co$,$^{60}_{27}Co$ 等。同一元素的各种同位素原子间物理性质有差异,但化学性质几乎完全相同。

同位素可分为稳定性同位素和放射性同位素两类。稳定性同位素没有放射性。放射性同位素能自发地放出不可见的 α，β 或 γ 射线。放射性同位素医药学上被广泛应用。例如：$^{131}_{53}I$ 是治疗甲状腺疾病最常用的放射性药物；$^{60}_{27}Co$ 放出的射线能深入组织，对癌细胞有破坏作用；$^{14}_{6}C$ 含量的测定可推算文物或化石的"年龄"。放射性同位素的原子放出的射线，可以用灵敏的探测仪器测定出它们的踪迹，所以放射性同位素的原子又称为"示踪原子"，可用于研究药物的作用机制、吸收、代谢等。

三、原子核外电子的运动状态

(一) 电子云

电子是质量很小的带负电荷的粒子，其在核外作高速运动但没有固定的运动轨迹。电子在核外空间某一区域内出现机会的多少(即电子在核外空间各处出现的概率)，可通过数学统计中的概率，用单位体积内小黑点的数目来表示。小黑点密集的地方，表示电子出现的概率大，黑点稀疏的地方，表示电子出现的概率小。用小黑点的疏密表示电子概率分布的图形称为电子云。例如氢原子只有一个电子，该电子在核外的运动状态即电子云如图 1-1 所示。

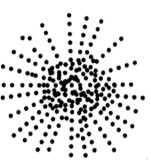

图 1-1　氢原子的电子云示意

由图 1-1 可见，离核越近的地方黑点越密集，电子出现的频率越高；离核越远的地方黑点越稀疏，电子出现的频率越低。

注意：电子云图中的黑点不表示电子的数目，只表示电子可能出现的瞬间位置。

(二) 核外电子的运动状态

核外电子的运动状态从电子层、电子亚层、电子云的伸展方向和电子的自旋 4 个方面来描述。

1. 电子层　在含有多电子的原子里，电子处于不同的能级状态，离核较近的电子能量较低，离核较远的电子能量较高。根据电子的能量差异和运动区域离核的远近不同，通常将核外电子运动的不同区域分成不同的电子层，用 n 表示，n 值越大，表示电子运动的区域离核越远，电子的能量越高，表达方式如下：

电子层(n)　 1　2　3　4　5　6　7
电子层符号　 K　L　M　N　O　P　Q

2. 电子亚层和电子云的形状　科学研究表明，同一电子层中电子的能量稍有差别，电子云的形状也不相同。同一电子层中，当电子云形状相同时，电子具有相同的能量；当电子云形状不同时，电子具有的能量不同。这些处于同一电子层中不同能量的电子云用电子亚层来描述，分别用 s，p，d，f 等符号来表示。s 亚层的电子称为 s 电子，p 亚层的电子称为 p 电子，以此类推。在同一电子层中，亚层电子的能量按 s，p，d，f 的顺序依次增大，即 $E_{ns} < E_{np} < E_{nd} < E_{nf}$。

每一电子层中所包含的亚层数等于其电子层数：①$n=1$ 有 1 个亚层，称 1s 亚层；②$n=2$ 有 2 个亚层，称 2s 亚层和 2p 亚层；③$n=3$ 有 3 个亚层，称 3s 亚层、3p 亚层和 3d 亚层；④$n=4$ 有 4 个亚层，称 4s 亚层、4p 亚层、4d 亚层和 4f 亚层……

3. **电子云的伸展方向** 不同的电子亚层的电子云形状不同。s 亚层的电子云是以原子核为中心的球形(图 1-2),p 亚层的电子云为哑铃形(图 1-3)。d 亚层、f 亚层的电子云形状比较复杂,这里不作介绍。

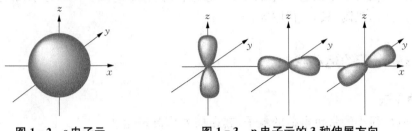

图 1-2 s 电子云   图 1-3 p 电子云的 3 种伸展方向

同一电子亚层的电子云形状虽然相同,但它们具有不同的伸展方向。把在一定电子层上、具有一定形状和伸展方向的电子云所占据的空间称为 1 个原子轨道。s 电子云是球形对称的,在空间各个方向上伸展的程度相同(图 1-2),没有方向性,s 状态的电子云只有 1 个轨道;p 电子云在空间有 3 个方向,分别沿 x,y,z 轴的方向伸展(图 1-3),p 状态的电子云有 3 个轨道;d 电子云有 5 种伸展方向,d 状态的电子云有 5 个轨道;f 电子云有 7 种伸展方向,f 状态的电子云有 7 个轨道。

每个电子层中可能有的最多原子轨道数为 n^2(表 1-1)。

表 1-1 1~4 电子层的亚层及原子轨道数

电子层(n)	亚层	原子轨道数
$n = 1$	1s	$1 = 1^2$
$n = 2$	2s, 2p	$1 + 3 = 4 = 2^2$
$n = 3$	3s, 3p, 3d	$1 + 3 + 5 = 9 = 3^2$
$n = 4$	4s, 4p, 4d, 4f	$1 + 3 + 5 + 7 = 16 = 4^2$
n	……	n^2

4. **电子的自旋** 电子在核外围绕原子核旋转的同时,本身还在做自旋运动。电子自旋有顺时针和反时针两种方向,通常用向上箭头"↑"和向下箭头"↓"表示。实验证明,自旋方向相同的两个电子相互排斥,不能在同一个原子轨道内运动;自旋方向相反的两个电子相互吸引,能在同一个原子轨道内运动。每个原子轨道最多可以容纳自旋方向相反的两个电子。

综上所述,原子核外每个电子的运动状态都要由它所处的电子层、电子亚层、电子云在空间的伸展方向和自旋状态 4 个方面来决定。

四、原子核外电子的排布

(一) 原子核外电子的排布规律

根据原子光谱实验和量子力学理论,原子核外电子的排布遵循以下 3 个规律。

1. **泡利不相容原理** 泡利(Pauli)不相容原理是1925年奥地利物理学家泡利提出的。该原理指出在同一原子中没有运动状态完全相同的电子存在,即使两个电子处于同一轨道,这两个电子的自旋方向必相反。因此,每个原子轨道最多只能容纳2个自旋方向相反的电子。而各电子层中最多可容纳的电子数为$2n^2$。1～4电子层可容纳电子的最大数目如表1-2所示。

表1-2 电子层可容纳电子的最大数目

项 目	K(1)	L(2)		M(3)			N(4)			
电子亚层	s	s	p	s	p	d	s	p	d	f
亚层中的轨道数	1	1	3	1	3	5	1	3	5	7
亚层中的电子数	2	2	6	2	6	10	2	6	10	14
每个电子层中可容纳电子的最大数目($2n^2$)	2	8		18			32			

2. **能量最低原理** 核外电子排布时总是尽先占有能量最低的轨道,然后才依次进入能量较高的轨道。图1-4为多电子原子中原子轨道能量由低到高的一般顺序,图中1个圆圈代表1个原子轨道。其中1个原子中能量相等的轨道称为简并轨道或等价轨道,如同一亚层的3个p轨道或5个d轨道为简并轨道。

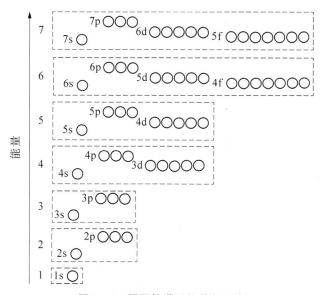

图1-4 原子轨道近似能级示意

最外层电子填充轨道顺序为:1s→2s→2p→3s→3p→4s→3d→4p→5s→4d→5p→6s→4f→5d→6p→7s→5f→6d→7p→…

3. **洪特规则** 在同一亚层的各个轨道(即简并轨道)中排布电子时,电子尽可能分占不同的轨道,且自旋方向相同,这个规则称为洪特(Hund)规则。

例如,碳原子核外有6个电子,其中2个先填入1s轨道,2个填入2s轨道,最后2个电子根据洪特规则,应分占以自旋相同的方式进入2p亚层的两个能量相等的轨道。

此外,洪特规则还指出,在简并轨道中,当电子全充满(p^6,d^{10},f^{14})、半充满(p^3,d^5,f^7)或全空(p^0,d^0,f^0)时,能量较低、稳定状态。如 29 号铜的电子排布式为 $1s^2 2s^2 2p^6 3s^2 3p^6 3d^{10} 4s^1$,而不是 $1s^2 2s^2 2p^6 3s^2 3p^6 3d^9 4s^2$。

表 1-3　1~36 号元素原子的电子层排布

原子序数	元素符号	电子层									
		K	L		M				N		
		1s	2s	2p	3s	3p	3d	4s	4p	4d	4f
1	H	1									
2	He	2									
3	Li	2	1								
4	Be	2	2								
5	B	2	2	1							
6	C	2	2	2							
7	N	2	2	3							
8	O	2	2	4							
9	F	2	2	5							
10	Ne	2	2	6							
11	Na	2	2	6	1						
12	Mg	2	2	6	2						
13	Al	2	2	6	2	1					
14	Si	2	2	6	2	2					
15	P	2	2	6	2	3					
16	S	2	2	6	2	4					
17	Cl	2	2	6	2	5					
18	Ar	2	2	6	2	6					
19	K	2	2	6	2	6		1			
20	Ca	2	2	6	2	6		2			
21	Sc	2	2	6	2	6	1	2			
22	Ti	2	2	6	2	6	2	2			
23	V	2	2	6	2	6	3	2			
24	Cr	2	2	6	2	6	4	1			
25	Mn	2	2	6	2	6	5	2			
26	Fe	2	2	6	2	6	6	2			
27	Co	2	2	6	2	6	7	2			
28	Ni	2	2	6	2	6	8	2			
29	Cu	2	2	6	2	6	10	1			
30	Zn	2	2	6	2	6	10	2			
31	Ga	2	2	6	2	6	10	2	1		
32	Ge	2	2	6	2	6	10	2	2		
33	As	2	2	6	2	6	10	2	3		
34	Se	2	2	6	2	6	10	2	4		
35	Br	2	2	6	2	6	10	2	5		
36	Kr	2	2	6	2	6	10	2	6		

（二）原子核外电子排布的表示方法

1. **轨道表示式** 用方框或圆圈表示原子轨道,在轨道的上方标明电子亚层,原子轨道内用向上或向下的箭头表示该轨道中的电子数及自旋方向。电子填充的顺序按原子核外电子的排布规律进行,例如:

$$\text{氢 (}_1\text{H) } \boxed{\uparrow}^{1s}$$

$$\text{氧 (}_8\text{O) } \boxed{\uparrow\downarrow}^{1s} \ \boxed{\uparrow\downarrow}^{2s} \ \boxed{\uparrow\downarrow}\boxed{\uparrow}\boxed{\uparrow}^{2p}$$

2. **电子排布式** 电子排布式是按核外电子在各亚层中的排布情况,将各亚层中的电子数标在各相应亚层符号右上角的表示方法。同时,为方便起见,书写电子排布式时,通常把内层已达到稀有气体电子层结构的部分,用稀有气体的元素符号加方括号表示,并称为原子实。例如,氧的电子排布式可写为:$1s^2 2s^2 2p^4$ 或 $[Ne]3s^1$。

注意:在化学反应中内层(原子实)电子一般是不变的,只是外围电子(价电子或价层电子)的排布发生变化,所以常用价层电子构型来表示原子核外电子排布的情况。如 O,Na 和 Ca 的价层电子构型分别为 $2s^2 2p^4$,$3s^1$ 和 $4s^2$。

【案例 1-1】 试写出 19 号元素钾的电子排布式和价层电子构型。

解:电子排布式,$1s^2 2s^2 2p^6 3s^2 3p^6 4s^1$ 或 $[Ar]4s^1$；

价层电子构型,$4s^1$。

第二节 元素周期律与元素周期表

元素周期律是指元素的性质随着元素原子序数(即原子核外电子数或核电荷数)的增加而呈周期性变化的规律。根据这一规律将目前已知的 118 种元素排列成了元素周期表(见附录)。元素周期表将电子层数相同的元素按原子序数递增的顺序从左到右排成横行;将最外电子层上电子数相同、性质相似的元素,按电子层数递增的顺序由上而下排成纵行。元素周期表是元素周期律的具体表现形式,它反映了元素之间的相互联系和变化规律。

知识链接

元素周期律和元素周期表揭示了元素之间内在联系的自然规律,反映了元素性质与原子结构的关系,对学习、研究化学科学及其应用具有重要意义。

1. **反映元素性质的递变规律** 元素性质随着元素周期表发生规律性递变,有利于人们认识及分析元素之间的相互联系和内在规律,根据元素在元素周期表中所处的位置,可以推测其一般性质、预测新元素的结构和性质特点等。

2. 指导具有新用途元素的发现　通常性质相似的元素在周期表中的位置靠近。如 Cl，P，S，N，As 等可用于农药的制造，可在该区域寻找生产高效低毒农药的相关元素；过渡元素中的钛、钽、钼、钨、铬等具有耐高温、耐腐蚀等特点，可在该区域寻找新的具有该特性的合金材料；在 Ge，Si，Ga，Se 等准金属区域（金属与非金属分界线）附近可寻找新的半导体材料等。

一、元素周期表的结构

1. 周期　元素周期表中具有相同电子层，从左到右按原子序数递增顺序排列成一横行的一系列元素，称为 1 个周期。元素周期表中共有 7 个横行，分别对应 7 个周期：特短周期（第 1 周期，2 种元素）；短周期（第 2、第 3 周期，各 8 种元素）；长周期（第 4、第 5 周期，各 18 种元素）；特长周期（第 6 周期，32 种元素）；不完全周期（第 7 周期，26 种元素，还未填满）。

周期的序数等于该周期元素原子具有的电子层数。

第 6 周期中 57 号元素镧到 71 号元素镥共 15 种元素，第 7 周期中 89 号元素锕到 103 号元素铹共 14 种元素，因电子层结构和性质非常相似，分别统称为镧系元素及锕系元素。为了使周期表的结构紧凑，将镧系、锕系元素分别放在周期表的相应周期的同一格里，并按原子序数递增的顺序分列两个横行在表的下方，实际上每一种元素在周期表中还是各占 1 格。

2. 族　元素周期表的纵行，称为族。元素周期表有 18 个纵行，共 16 个族：除Ⅷ族包括 8、9、10 共 3 个纵行外，其余每个纵行为一族，同族元素电子层数不同，但决定元素性质的价电子层结构大致相同。族可分为主族、副族、第Ⅷ和 0 族。族序数用罗马数字Ⅰ，Ⅱ，Ⅲ，Ⅳ，Ⅴ，Ⅵ，Ⅶ，Ⅷ表示。

（1）主族：由短周期元素和长周期元素共同构成的族称为主族。共有 7 个主族，在族序数后标"A"，如ⅠA，ⅡA…ⅦA。主族的序数等于该主族元素原子的最外层电子数。

（2）副族：完全由长周期元素构成的族称为副族。共有 7 个副族，在族序数后标"B"，如ⅠB，ⅡB…ⅦB。副族元素价层电子构型比较复杂，除最外层，还包括次外层和倒数第 3 层。

（3）第Ⅷ族：第Ⅷ族由长周期元素第 8、9、10 共 3 个纵行构成。通常把第Ⅷ族和副族元素称为过渡元素。

（4）0 族：0 族由稀有气体元素构成。0 族元素原子的价层电子构型为稳定结构，它们的化学性质很不活泼，在通常情况下难以发生化学反应。

综上所述，元素周期表中共 16 个族，分别为 7 个主族、7 个副族、1 个Ⅷ族、1 个 0 族。

3. 周期表中元素的分区　根据元素原子的价电子构型，将最元素周期表中的元素划分为 s 区、p 区、d 区、f 区。

表 1-4 周期表中元素的分区

周期	ⅠA	元素周期表中元素的分区																0
1		ⅡA											ⅢA	ⅣA	ⅤA	ⅥA	ⅦA	
2																		
3			ⅢB	ⅣB	ⅤB	ⅥB	ⅦB	Ⅷ	ⅠB	ⅡB								
4	s 区														p 区			
5					d 区													
6																		
7																		

镧系	f 区
锕系	

（1）s 区元素：包括ⅠA 和ⅡA 族元素，价层电子构型为 $ns^{1\sim2}$，为活泼的金属元素（H 除外）。

（2）p 区元素：包括ⅢA～ⅦA 族和 0 族元素，价层电子构型为 $ns^2np^{1\sim6}$（He 除外），该区有金属元素、非金属元素和稀有气体。

（3）d 区元素：包括ⅠB～ⅦB 族和第Ⅷ族元素，价层电子构垫为 $(n-1)d^{1\sim10}ns^{1\sim2}$，d 区元素又称为过渡元素，常有多种化合价。

（4）f 区元素：包括镧系和锕系元素，价层电子构型是 $(n-2)f^{1\sim14}(n-1)d^{0\sim2}ns^2$，金属元素，又称为内过渡元素。

二、元素周期表中元素性质的递变规律

（一）原子半径

原子半径是指通过实验测定的单质晶体中相邻 2 个原子原子核间距的一半。同一周期中，原子半径从左到右逐渐减小；同一主族中，原子半径从上到下逐渐增大（表 1-5）。

表 1-5 元素的原子半径

H 37																	He 122
Li 152	Be 111											B 88	C 77	N 70	O 65	F 64	Ne 160
Na 186	Mg 160											Al 143	Si 117	P 110	S 104	Cl 99	Ar 191
K 227	Ca 197	Sc 161	Ti 145	V 122	Cr 125	Mn 124	Fe 124	Co 125	Ni 125	Cu 128	Zn 133	Ga 122	Ge 122	As 121	Se 117	Br 114	Kr 198
Rb 248	Sr 215	Y 181	Nb 143	Nb 134	Mo 136	Te 136	Ru 133	Rh 135	Pd 138	Ag 144	Cd 149	In 163	Sn 141	Sb 141	Te 137	I 133	Xe 217

注：表中数值后的单位为皮米（pm）。

（二）元素的电负性

电负性是指原子在分子中吸引成键电子的能力。电负性的概念是由鲍林在 1932 年提出的,他指定氟的电负性为 3.98,然后通过计算得出其他元素电负性的相对值(表 1-6)。

表 1-6　元素的电负性

H 2.18																	
Li 0.98	Be 1.57											B 2.04	C 2.55	N 3.04	O 3.44	F 3.98
Na 0.92	Mg 1.31											Al 1.61	Si 1.90	P 2.19	S 2.58	Cl 3.16
K 0.82	Ca 1.00	Sc 1.36	Ti 1.54	V 1.63	Cr 1.66	Mn 1.55	Fe 1.8	Co 1.88	Ni 1.91	Cu 1.90	Zn 1.65	Ga 1.81	Ge 2.01	As 2.18	Se 2.55	Br 2.96
Rb 0.82	Sr 0.95	Y 1.22	Nb 1.33	Nb 1.60	Mo 2.16	Te 1.9	Ru 2.28	Rh 2.2	Pd 2.20	Ag 1.93	Cd 1.69	In 1.78	Sn 1.96	Sb 2.05	Te 2.10	I 2.66

由表 1-6 可见,主族元素的电负性呈周期性变化。在同一周期中,从左到右元素的电负性逐渐增大,原子在分子中吸引成键电子的能力逐渐增强;在同一主族中,从上到下元素的电负性逐渐减小,原子在分子中吸引成键电子的能力逐渐减弱。副族元素的电负性变化无明显规律。

（三）元素的金属性与非金属性

金属性是指元素的原子失去电子的能力,非金属性是指元素的原子得到电子的能力。因为电负性反映了原子得失电子的能力,故可用于判断元素的金属性和非金属性。一般说来,非金属元素的电负性大于 2.0,金属元素的电负性小于 2.0。

主族元素同一周期从左到右,原子半径逐渐减小,电负性逐渐增大,金属性逐渐减弱,非金属性逐渐增强。

同一主族从上到下,电子层数逐渐增多,原字半径逐渐增大,电负性逐渐减小,金属性逐渐增强,非金属性逐渐减弱。

第三节　化 学 键

化学键是指分子(或晶体)中,相邻的原子(或离子)间存在强烈相互吸引作用。化学键可分为离子键、共价键和金属键 3 种基本类型。本书重点讨论离子键和共价键。

一、离子键

（一）离子键的形成

阴、阳离子通过相互静电作用形成的化学键叫做离子键。由离子键结合而构成的化合物称为离子化合物,如 KCl, $MgCl_2$ 等。

以氯化钠为例,钠为活泼金属元素,最外层有 1 个电子,容易失去该电子形成结构稳定的阳离子 Na^+;氯为活泼非金属元素,最外层有 7 个电子,容易得到 1 个电子形成 8 电子的稳定结构,成为阴离子 Cl^-。这两种电荷相反阴阳离子可通过静电吸引而互相结合,它们之间的这种静电吸引作用即为离子键。反应式如下:

$$Na\ 失电子:Na(2s^2 2p^6 3s^1) - e \longrightarrow Na^+\ (2s^2 2p^6)$$
$$Cl\ 得电子:Cl(3s^2 3p^5) + e \longrightarrow Cl^-\ (3s^2 3p^6)$$
$$离子结合:Na^+(2s^2 2p^6) + Cl^-\ (3s^2 3p^6) \longrightarrow NaCl$$

(二)离子键的特性

1. **无方向性** 是指离子可以近似地看做一个带电的球体,其在空间各方向上都可以与带相反电荷的离子结合成键。因此,离子键无方向性。

2. **无饱和性** 是指一个离子在其空间允许的范围内,可尽可能多地吸引带异性电荷的离子。如 NaCl 晶体中,每个 Na^+ 周围吸引着 6 个 Cl^-,每个 Cl^- 周围吸引着 6 个 Na^+。除了这些距离较近的吸引作用,离子还会受到距离较远的其他异性离子的吸引作用。因此,在离子化合物的晶体中没有单个的分子。

(三)离子键的强度

离子键的强度受到离子电荷、离子半径等离子性质的影响。离子的电荷数越多,离子键越牢固。离子半径越小,正负离子间的距离越近,离子键越牢固。

二、共价键

(一)共价键的基本概念

1. **共价键的形成** 共价键是指同种或电负性相差不大的原子间通过共用电子对所形成的化学键。仅由共价键形成的化合物,叫做共价化合物。

如 HCl 的形成:形成共价键时,成键原子 H,Cl 各提供 1 个电子,形成共用电子对,该电子对共同围绕 2 个成键原子核运动,为 2 个成键原子所共有,使双方都达到稳定的电子构型。反应式如下:

$$H\cdot + \cdot H \longrightarrow H:H$$
$$Cl\cdot + \cdot Cl \longrightarrow Cl:Cl$$
$$H\cdot + \cdot Cl \longrightarrow H:Cl$$

2. **配位键** 配位键是指共价键的共用电子对全部由两个成键原子中的一个原子提供,而另一个原子只提供空轨道而形成的特殊的共价键。例如 NH_4^+ 的形成,NH_3 分子中 N 原子的 2p 轨道存在一成对未参与成键的电子(孤对电子),H^+ 有 1s 空轨道。在 NH_3 与 H^+ 作用时,NH_3 中 N 原子的孤对电子进入 H^+ 的空轨道,与氢共用,形成配位键。配位共价键用"→"表示,箭头指向接受孤对电子的原子,如:

$$\left[\begin{array}{c} H \\ | \\ H-N \rightarrow H \\ | \\ H \end{array}\right]^+$$

3. 共价键的极性　　根据共用电子对在2个原子核间有无偏移,将共价键分为极性共价键和非极性共价键。

电负性相同的原子形成的共价键,由于它们吸引电子的能力相同,共用电子对正好居于两个原子核间,无偏移,此时的共价键没有极性,称为非极性共价键,简称非极性键,如单质H_2,O_2等。

由电负性不同的原子形成的共价键,由于它们吸引电子的能力大小不同,共用电子对将偏于电负性大的原子,导致其带有较多的负电荷,而另一原子因电子的远离带部分正电荷,此时的共价键称为极性共价键,简称极性键,如HCl,H_2O等。

可见,共价键的极性大小与成键原子的电负性差值有关,差值越大,极性越大。

4. 共价键参数

(1) 键能:衡量化学键强弱的物理量,是指在25℃和101.3 kPa下,断开1 mol气态双原子分子所需要的能量,单位是kJ/mol。键能越大,化学键越牢固,分子越稳定。

(2) 键长:分子中两成键原子核间的平均距离称为键长,以pm(皮米)为单位。一般情况下,键长越短,键越牢固(表1-7)。

表1-7　代表性共价键的键长和键能

共价键	键长(pm)	键能(kJ·mol^{-1})	共价键	键长(pm)	键能(kJ·mol^{-1})
C—C	154	347	H—H	74	436
C=C	134	611	N—N	145	159
C≡C	120	837	N≡N	110	946
C—H	109	414	O—O	148	142
C—N	147	305	N—H	101	389
C—O	143	360	O—H	96	464
C=O	121	736			

(3) 键角(α):分子中相邻共价键间的夹角,称为键角。双原子分子的形状总是直线形的;多原子分子因原子在空间排列不同,有不同的几何构型(表1-8)。

表1-8　一些分子的键长、键角和分子构型

分　子	键长l(pm)	键角α	几何构型
CO_2	116.3	180°	直线形
H_2O	96	104.5°	"V"形
BF_3	131	120°	三角形
NH_3	101.5	107°	三角锥形
CH_4	109	109.5°	四面体形

(二) 现代共价键理论

1. 氢分子的共价键理论　　2个氢原子在结合形成氢分子时,存在以下两种情况。

(1) 当自旋方向相同的2个氢原子的未成对电子相互接近时,2个氢原子间发生排斥,两核间的电子云密度减小,2个氢原子之间不能稳定结合。

（2）当自旋方向相反的2个氢原子的未成对电子相互接近时，随着核间距的减小，2个氢原子的原子轨道相互重叠，两核间的电子云密度增大，形成稳定的氢分子。

2. 现代共价键理论的基本要点

（1）具有自旋方向相反的未成对电子的2个原子相互接近时，才可以配对形成稳定的共价键。

（2）已成键的电子不能再与其他电子配对成键，故共价键的数目取决于原子内未成对电子的数目，因此共价键具有饱和性。

（3）原子轨道最大重叠原理：成键时，原子轨道相互重叠越大，形成的共价键越牢固。原子轨道中除s轨道呈球形对称外，p，d，f轨道都有一定的空间取向，它们在形成共价键时，将尽可能沿着原子轨道最大重叠程度的方向进行，因此共价键具有方向性。图1-5所示的是s电子云与p电子云的重叠情况。

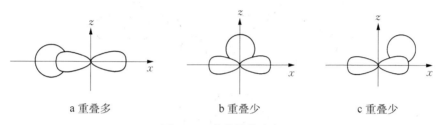

a 重叠多　　　　　　b 重叠少　　　　　　c 重叠少

图1-5　共价键的方向

3. 共价键的类型　按照原子轨道重叠方式的不同，共价键可分为σ键和π键。

（1）σ键是指成键原子沿键轴（核间连线）的方向，以"头碰头"的形式重叠形成的共价键（图1-6）。

（2）π键是指成键原子的原子轨道垂直于两核连线，以"肩并肩"的形式重叠形成的共价键（图1-7）。

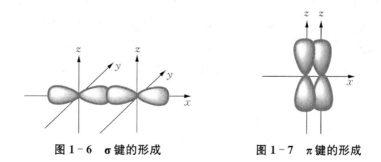

图1-6　σ键的形成　　　　　**图1-7　π键的形成**

通常π键原子轨道重叠程度小于σ键，故π键不如σ键稳定，π键在化学反应中容易断裂。

三、杂化轨道理论

现代价键理论虽然成功地解释了共价键的本质，但对部分多原子分子的空间构型仍无法解释。如 CH_4 中的 C 原子只有两个未成对电子,应形成两个键角为 90°的共价键,而实际却形成了 4 个完全相同的 C—H 键,键角均为 109°28′。因此,在价键理论基础上,1931 年鲍林(L. Pauling)提出了杂化轨道理论,进一步补充和发展了价键理论。

(一)杂化轨道的形成

杂化是原子在形成分子时,同一原子中能量相近的轨道混合起来重新组合成一组能量相等有利于成键的新轨道的过程。这个过程称为轨道的杂化,形成的新轨道称为杂化轨道。新的杂化轨道与杂化前相比,形状、能量和方向都有改变,成键能力增强,但轨道数目不变。

以碳原子为例。碳原子最外层电子构型为 $2s^2 2p^2$,在形成 CH_4 杂化轨道时,C 原子的一个 2s 电子吸收能量激发到能量较高的 2p 空轨道上,形成 4 个未成对电子;同时,2s 及 2p 轨道能量相近,可以混合起来重新组合成 4 个能量相等的新的 sp^3 杂化轨道(图 1-8)。

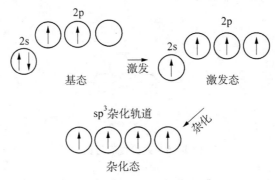

图 1-8 碳原子的杂化过程

(二)杂化轨道的类型

杂化轨道的类型有很多,本章主要介绍 s-p 型杂化。s-p 型杂化主要包括 sp,sp^2 和 sp^3 杂化。

1. sp 杂化 原子在形成分子时,同一原子的 1 个 ns 轨道和 1 个 np 轨道混合,重新组成 2 个能量相等的 sp 杂化轨道的过程,叫 sp 杂化。例如,Be 的外层电子层构型为 $2s^2$,其形成 $BeCl_2$ 时的杂化过程如图 1-9 所示。新形成的每个 sp 杂化轨道中含有 1/2 的 s 轨道成分和 1/2 的 p 轨道成分,夹角为 180°,呈直线形(图 1-10)。

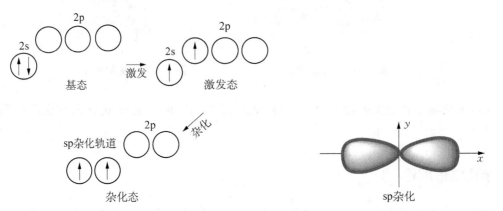

图 1-9 Be 原子的杂化过程   图 1-10 sp 杂化轨道的电子云空间构型

2. sp² 杂化 原子在形成分子时,同一原子的 1 个 ns 轨道和 2 个 np 轨道混合,重新组成 3 个能量相等的 sp² 杂化轨道的过程,叫 sp² 杂化。新形成的每个 sp² 杂化轨道中含有 1/3 的 s 轨道成分和 2/3 的 p 轨道成分,杂化轨道之间的夹角为120°,呈平面三角形。例如,B 的外围电子构型为 $2s^2 2p^1$,其形成 BF_3 时的杂化过程如图 1-11 所示。杂化轨道的空间构型如图 1-12 所示。

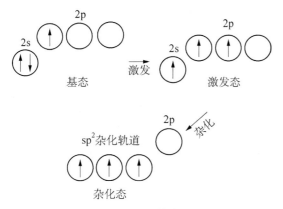

图 1-11 B 原子的杂化过程

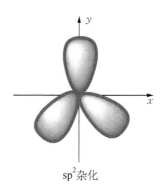

图 1-12 sp² 杂化轨道的电子云空间构型

3. sp³ 杂化 原子在形成分子时,同一原子的 1 个 ns 轨道和 3 个 np 轨道混合,重新组成 4 个能量相等的 sp³ 杂化轨道的过程,叫 sp³ 杂化。新形成的每个 sp³ 杂化轨道中含有 1/4 的 s 轨道成分和 3/4 的 p 轨道成分,杂化轨道之间的夹角为109°28′,呈正四面体。如 C 原子的外层电子排布式为 $2s^2 2p^2$,杂化过程如图 1-8 所示;杂化轨道的空间构型如图 1-13 所示。

4. 等性杂化和不等性杂化 轨道的杂化分为等性杂化和不等性杂化。

在形成分子过程中,所有杂化轨道均参与成键,形成分子后,每个杂化轨道都生成了 1 个共价键,整个分子中同一组杂化的每个杂化轨道是完全等同的,具有完全相同的特性,在空间的立体分布也完全对称、均匀,这种杂化称为等性杂化,形成的杂化轨道称为等性杂化轨道,如以上介绍的 $BeCl_2$,BF_3,CH_4 等。

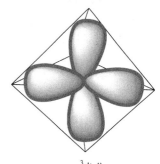

sp³杂化

图 1-13 sp³ 杂化轨道的电子云空间构型

在形成分子过程中,如果在杂化轨道中有不参加成键的孤对电子存在,形成分子后,同一组杂化轨道分为参与成键的杂化轨道和不成键的杂化轨道两类,使得各杂化轨道的成分和能量不完全相同,在空间分布不是完全对称、均匀,这种杂化称为不等性杂化,形成的杂化轨道称为不等性杂化轨道。如 NH_3 分子中,N 原子的外层电子层构型为 $2s^2 2p^3$,它的 1 个 2s 轨道和 3 个 2p 轨道形成 4 个 sp³ 杂化轨道,其中 1 个轨道被 N 原子的孤对电子占据,其余 3 个轨道中各含有 1 个成单电子,并与氢形成 3 个共价单键(图 1-14)。由于孤对电子的电子云对成键电子的排斥作用较强,使得 NH_3 分子的键角变为107°,空间构型为三角锥形(图 1-15)。

过程如下：

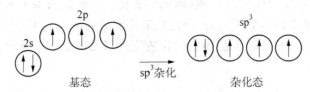

图 1-14　NH₃ 分子中 N 的杂化

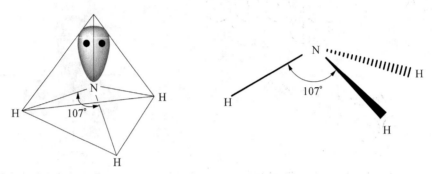

图 1-15　NH₃ 分子的空间构型

同样，在 H_2O 分子的形成过程中，O 原子的 1 个 2s 轨道和 3 个 2p 轨道形成 4 个 sp³ 杂化轨道，其中有 2 个轨道被 O 原子的孤对电子占据，另 2 个轨道各含有 1 个单电子与 2 个 H 原子形成 2 个 O—H 键。由于 2 个孤对电子的电子云对成键电子的排斥作用较强，使得 H_2O 分子的键角变为 104°45′，空间构型呈"V"形（图 1-16）。

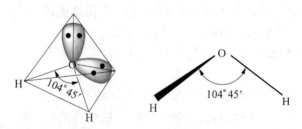

图 1-16　H_2O 分子的空间构型

第四节　分子的极性

任何分子都是由带正电荷的原子核和带负电荷的电子组成的。假定分子内存在 1 个正电荷中心和 1 个负电荷中心，根据正、负电荷中心是否重合，可将分子分为极性分子和非极性分子。若正负电荷中心完全重合是非极性分子；若正负电荷中心不能重合是极性分子。

相同原子组成的单质分子，均为非极性分子，如 Cl_2，H_2，P_4 等。

不同原子组成的双原子分子为极性分子，如 HCl，Cl 的电负性比 H 大，共用电子对偏向 Cl,分子内部正负电荷中心不重合,为极性分子。

　　不同原子组成的多原子分子,若键有极性,分子的极性取决于分子的空间构型是否对称。如空间构型对称,则键的极性能相互抵消,为非极性分子,否则就为极性分子。例如,CO_2 分子中的 C—O 键是极性键,由于其空间结构是直线型对称结构,正负电荷中心重合,为非极性分子[图 1 - 17(a)]。而 H_2O 分子中的 O—H 键是极性键,分子的空间结构是"V"形结构,正负电荷中心不能重合,故为极性分子[图 1 - 17(b)]。

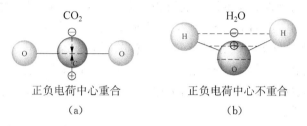

正负电荷中心重合　　　　　　　　　正负电荷中心不重合
　　　　(a)　　　　　　　　　　　　　　　　(b)

图 1 - 17　CO_2 , H_2O 分子的空间构型

　　正负电荷中心的距离称为偶极矩。分子的极性与偶极矩大小有关。若偶极矩为零,分子为非极性分子;若偶极矩不等于零,分子为极性分子;偶极矩越大,分子的极性越强(表 1 - 9)。

表 1 - 9　一些物质分子的偶极矩与几何构型

分子构型	分子式	偶极矩(D)
直线形	H_2	0
	CO_2	0
	HF	6.37
"V"形	H_2S	3.67
	SO_2	5.33
	H_2O	6.17
三角锥形	NH_3	4.90
正四面体形	CH_4	0
	$CHCl_3$	3.50

第五节　分子间作用力和氢键

一、分子间作用力

　　原子结合成分子后,分子间通过分子间力结合成物质,物质状态(气态、液态、固态)之间的变化,熔、沸点等物理性质均与分子间力有关。由于分子间作用力是 1873 年荷兰物理学家范德华首先提出来的,因此分子间作用力又称范德华力。

　　分子间力本质上属于一种静电引力,按其产生的原因和特点分为色散力、诱导力和取向力。

1. **取向力** 极性分子正负电荷中心不重合,一端为正,一端为负,存在一个固有偶极。当极性分子之间相互接近时,固有偶极的同极相斥,异极相吸,使分子按异极相邻状态产生有序排列,因此产生的力称为取向力。取向力是一种静电引力,分子的极性越大,分子间距离越小,取向力越大。

2. **诱导力** 极性分子和非极性分子接近时,极性分子的偶极产生的电场会诱导非极性分子的正负电荷中心发生偏移,使得非极性分子的正负电荷中心不重合,产生诱导偶极。非极性分子的诱导偶极与极性分子的固有偶极相互吸引产生的静电作用力称为诱导力。极性分子与极性分子靠近时,也会相互诱导产生诱导偶极,也存在诱导力。

3. **色散力** 非极性分子内的原子核和电子总在不断运动,在某一瞬间,正负电荷中心发生偏移,产生瞬间偶极。当几个分子相互接近时会产生因瞬间偶极异极相吸导致的作用力,称为色散力。瞬间偶极虽然是短暂的,但原子核和电子不断运动,瞬间偶极不断出现,所以分子间始终存在色散力。

通常,在非极性分子之间只有色散力;在极性分子和非极性分子之间存在诱导力和色散力;在极性分子和极性分子之间存在取向力、诱导力和色散力3种。

二、氢键

按照分子间力对不同物质的物理性质的影响,一般认为同族元素氢化物的熔点和沸点应随着相对分子质量的增大而升高,因此氧族元素的氢化物中,H_2O 的熔点、沸点应小于 H_2S,H_2Se 和 H_2Te。但实际研究却发现水的熔、沸点最高,只有其余3个化合物的性质符合上述规律(表1-10)。

表1-10 氧族元素氢化物对的熔点和沸点

指 标	H_2O	H_2S	H_2Se	H_2Te
沸点(K)	373	202	232	271
熔点(K)	273	187	212.3	224

因此,科学家认为分子之间除有一般的分子间力外,还存在一种特殊的分子间力——氢键。

1. **氢键的形成** 在分子中,当氢与电负性很大的原子 X(如 F,O,N)以共价键结合后,共用电子对强烈地偏向电负性大的 X 原子,使氢原子成为只带正电荷的几乎裸露的质子,其能和另一个电负性较大并带孤对电子的原子 Y 产生较大的静电吸引作用,该静电吸引力即为氢键。通常用 X—H…Y 表示,其中虚线表示氢键。例如,氟化氢可形成分子间氢键(图1-18)。

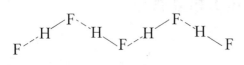

图1-18 氟化氢分子间氢键

2. **氢键的特点**

(1) 氢键属静电作用力,弱于化学键,强于分子间力。

(2) 氢键有方向性和饱和性。

（3）能够形成氢键的元素应具备电负性很大、半径小、有孤对电子的特点,通常为 F, O, N 等原子。

（4）X, Y 可以相同,也可以不同。即氢键既可以在同种分子间形成,也可以在不同分子间形成。

3. **氢键的分类** 氢键可分成分子间氢键和分子内氢键两种。两个分子之间形成的氢键,称为分子间氢键,如 HF 分子间、H_2O 分子间的氢键等。同一分子内的原子之间形成的氢键,称为分子内氢键,如 HNO_3 分子内的氢键等(图 1-19)。

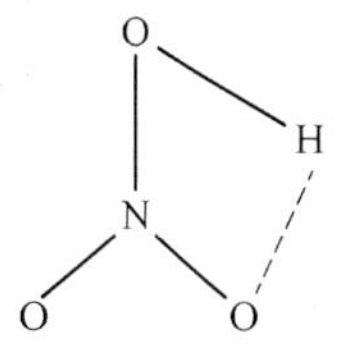

图 1-19 HNO_3 分子内的氢键

4. **氢键的应用** 氢键的形成能对化合物的物理、化学性质产生不同的影响。如分子间氢键增强了分子间作用力,使化合物的熔点和沸点升高;溶质和溶剂分子之间形成氢键可增强溶质的溶解性等。

小　结

1. 核外电子运动状态

电子层	电子层(n)	1	2	3	4	5	6	7
	电子层符号	K	L	M	N	O	P	Q
电子亚层	s, p, d, f							
电子云伸展方向	s, p, d, f 4 个亚层就分别有 1, 3, 5, 7 个原子轨道							
电子自旋	每个原子轨道最多可以容纳自旋方向相反的 2 个电子							

2. 化学键

化学键类型	特　点	其　他
离子键	无方向性 无饱和性	
共价键	有方向性	按原子轨道重叠方式分为 σ 键 （头碰头）及 π 键（肩并肩）
	有饱和性	极性共价键（共用电子对在两个原子核间偏移） 非极性共价键（共用电子对在两个原子核间不偏移）

3. 分子的极性

双原子分子	极性分子	极性键
	极性分子	非极性键
多原子分子	空间构型决定 其是否有极性	空间构型对称、键的极性能相互抵消的为非极性分子 其他为非极性分子

4．分子间作用力

分　子	分子间力种类
非极性分子-非极性分子	色散力
非极性分子-极性分子	色散力、诱导力
极性分子-极性分子	色散力、诱导力、取向力

习　题

一、选择题

1. $n = 3$，则该电子层含有的轨道总数是

  A．5   B．3   C．9   D．10   E．6

2. 电子云形状为无柄哑铃形的是

  A．1s   B．2p   C．4d   D．5f   E．3f

3. 电子云形状为球形的是

  A．1s   B．2p   C．4d   D．5f   E．3f

4. 元素电负性最大的是

  A．F   B．Cl   C．Br   D．I   E．N

5. sp^3 杂化轨道的空间构型是

  A．直线形   B．正三角形   C．三角锥形   D．正四面体形   E．正方形

6. sp 杂化轨道的空间构型是

  A．直线形   B．正三角形   C．三角锥形   D．正四面体形   E．正方形

7. sp^2 杂化轨道的空间构型是

  A．直线形   B．正三角形   C．三角锥形   D．正四面体形   E．正方形

8. 三氟化硼的分子空间构型是

  A．直线形   B．正三角形   C．三角锥形   D．正四面体形   E．正方形

9. 氨分子空间构型是

  A．直线形   B．正三角形   C．三角锥形   D．正四面体形   E．正方形

10. 下列分子为非极性分子的是

  A．HCl   B．二氧化碳   C．水   D．HI   E．氨

11. 不属于化学键的是

  A．极性键   B．色散力   C．共价键   D．金属键   E．离子键

12. 下列分子为极性分子的是

  A．二氧化碳   B．水   C．甲烷   D．氧气   E．氮气

13. HF 具有反常的高沸点是由于分子间存在

  A．共价键   B．离子键   C．氢键   D．取向力   E．金属键

14. 按能量由低到高的顺序排列，正确的是

  A．1s，2s，2p，3s   B．1s，2s，4s，3s   C．2s，2p，3s，3d

  D．4p，3d，4s，3p   E．2s，3s，2p，3d

15. BCl₃ 分子空间构型是平面三角形,而 NCl₃ 分子的空间构型是三角锥形,则 NCl₃ 分子构型是下列哪种杂化引起的

　　A．sp³ 杂化　　　　　　　B．不等性 sp³ 杂化　　　　　C．sp² 杂化

　　D．sp 杂化　　　　　　　E．不等性 sp² 杂化

16. 下列为极性分子的是

　　A．甲烷　　　　　B．水　　　　　C．氢气　　　　　D．氯气　　　　　E．二氧化碳

二、简答题

1. 写出钠元素、钙元素的电子排布式。

2. 写出氮元素、钾元素的轨道表示式。

3. 说出符号 s,3s,3s¹ 所代表的含义。

4. 简要说明 σ 键和 π 键的形成和主要特征。

5. 解释下列现象:沸点 HF > HI > HCl。

6. 判断下列分子的极性:CO₂,NO,H₂S,Cl₂,BF₃,N₂。

第二章

重要元素及其化合物

无·机·及·分·析·化·学

学习目标

1. 掌握重要金属元素的性质及特点。
2. 掌握重要非金属元素的性质及特点。

知识链接

生命体与化学元素

生命体是由各种化学元素组成的,其在生命活动中发挥重要作用,如其是组成原生质的重要成分(如 C,H,O,N,P,S 等),能组成多种生命相关重要化合物(如蛋白质、糖类、核酸、脂肪等)等。

组成生命的元素,根据其含量的多少分为大量元素和微量元素。大量元素有 C,H,O,N,P,S,K,Ca,Mg 等,其中,C,H,O,N,P,S 占 95%;微量元素有 Fe,Mn,Zn,Cu,B,Cl,Mo 等。

在已经发现的元素中,非金属元素约占 1/5,其余是金属元素。本章选述常见的非金属元素和与生命现象有关的部分金属元素。

第一节 非金属元素及其化合物

一、卤素及其化合物

(一)卤素概述

元素周期表中ⅦA族包括氟、氯、溴、碘和砹 5 种元素,简称卤素(通常以 X 表示)。氟对骨骼的正常发育和矿化有着促进作用,特别对于牙齿,适量的氟能维持牙齿的健康,抵抗对龋的敏感性;氯在医药上具有广泛的应用,如用于制备含氯药物 NaCl、氯磺丙脲等;溴主要用于药物溴丙胺太林、溴新斯的明等的生产,碘在医药上常用于制备镇痛剂和消毒剂,"碘酒"是指含碘2%的乙醇溶液。

卤素的主要性质如下。

1. 物理性质　卤素单质是双原子分子,按 F—Cl—Br—I 顺序,随着相对分子质量的增大,熔、沸点依次升高,颜色逐渐加深。常温下,氟、氯为气体,溴为液体,碘为紫黑色固体。表 2-1 列出了卤素主要的物理性质。

表 2-1　卤素主要的物理性质

项　　目	氟(F)	氯(Cl)	溴(Br)	碘(I)
原子序数	9	17	35	53
价层电子构型	$2s^2 2p^5$	$3s^2 2p^5$	$4s^2 2p^5$	$5s^2 2p^5$
主要氧化数	-1	$-1,+1,+3,+5,$ $+7$	$-1,+1,+3,+5,$ $+7$	$-1,+1,+3,+5,$ $+7$
共价半径(pm)	64	99	114	127
电负性	4.0	3.0	2.8	2.5
电极电势(X_2/X^-)(V)	2.87	1.36	1.07	0.54
熔点(K)	53.6	172.2	265.9	386.9
沸点(K)	84.9	238.5	331.2	456.2
常温下状态	气体	气体	液体	固体
常况下颜色	淡黄色	黄绿色	红棕色	紫黑色

2. 化学性质　卤素原子的价层电子构型为 $ns^2 np^5$,有得到 1 个电子而形成 8 个电子的稳定结构(即卤素阴离子 X^-)的强烈倾向。因此,卤素单质具有很强非金属性及明显的氧化性,且得电子能力及氧化性按 F—Cl—Br—I 依次减弱。

由于卤素单质氧化性从 F_2 到 I_2 逐渐减弱,因此前面的卤素可以从卤化物中将后面(非金属性较弱)的卤素置换出来,例如:

$$Cl_2 + 2KBr === 2KCl + Br_2$$
$$Cl_2 + 2KI === 2KCl + I_2$$

3. 原子半径　卤素原子半径按 F—Cl—Br—I 顺序递增。

4. 氧化数　卤素的常见氧化数是 -1,也可表现出 0、$+1$、$+3$、$+5$ 和 $+7$ 等氧化值。

5. 与金属、非金属反应　F_2 能与所有的金属及除了 O_2 和 N_2 以外的非金属直接化合,它与 H_2 在暗处也能发生爆炸。Cl_2 能与多数金属、非金属直接化合,但有些反应需要加热。Br_2 和 I_2 要在较高温度下才能与某些金属或非金属化合。

6. 与水的反应　F_2 能与水发生激烈反应释放出 O_2,Cl_2 与水能发生歧化反应,生成盐酸和次氯酸,Br_2,I_2 与纯水反应极不明显。反应式如下:

$$2F_2 + 2H_2O === 4HF + O_2 \uparrow$$
$$Cl_2 + H_2O === HCl + HClO$$

7. 特殊反应

(1) 氯气鉴别:氯气与氨相遇可生成白色固体颗粒 NH_4Cl,产生白雾,此反应可用以检

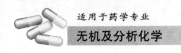
查氯气管道是否漏气。反应式如下：

$$2NH_3 + 3Cl_2 == 6HCl + N_2 \uparrow$$

$$HCl + NH_3 == NH_4Cl$$

（2）I_2 难溶于水，可由于 I_3^- 离子的生成而易溶于含 I^- 的水溶液，因此制备碘液时通常加入 2～3 倍的 KI 以增加碘的溶解性。反应式如下：

$$I_2 + I^- \rightleftharpoons I_3^-$$

（二）卤化氢和氢卤酸的性质

卤素的氢化物称为卤化氢常表示为 HX（X＝F，Cl，Br，I）。

随着相对分子质量的增大，卤化氢分子间的色散力增大，除 HF 外，HX 的熔点、沸点按 HCl—HBr—HI 的顺序递增（表 2－2）。HF 异常是由于在 HF 分子间存在氢键，形成了氟化氢的缔合分子 $(HF)_n$。

表 2－2　HX 的熔点、沸点

性　质	HF	HCl	HBr	HI
熔点/K	189.9	158.2	184.5	222.2
沸点/K	292.5	188.1	206.4	237.6

卤化氢溶于水即成氢卤酸，除氢氟酸以外，氢卤酸都是强酸。氢卤酸中最重要的是氢氯酸（俗称盐酸）。浓盐酸打开瓶盖就会"冒烟"，这是由于挥发出的 HCl 与空气中的水蒸气结合形成了酸雾。

含量为 9.5％～10.5％的药用盐酸可作为胃酸补充剂，治疗胃酸缺乏症。

（三）氯的含氧酸及其盐

卤素（氟除外）能形成多种含氧酸（表 2－3）及其盐，卤素都呈正氧化态。

表 2－3　卤素的含氧酸

名　称	卤素氧化值	氯	溴	碘
次卤酸	＋1	HClO	HBrO	HIO
亚卤酸	＋3	$HClO_2$	$HBrO_2$	HIO_2
卤酸	＋5	$HClO_3$	$HBrO_3$	HIO_3
高卤酸	＋7	$HClO_4$	$HBrO_4$	H_5IO_6，HIO_4

卤素的含氧酸（除了碘酸和高碘酸能得到比较稳定的固体结晶）均不稳定，仅能在水溶液中存在。

卤素含氧酸及其盐中以氯的含氧酸及其盐应用较多，下面主要介绍氯的含氧酸及其盐。

1. 次氯酸及其盐　将氯气通入水中发生水解形成次氯酸（HClO）。次氯酸是一种弱酸（$K_a = 2.95 \times 10^{-3}$），很不稳定，仅以稀溶液存在，极易分解放出氧气（光照加快分解），因此具有杀菌和漂白能力。反应式如下：

$$Cl_2 + H_2O \rightleftharpoons HCl + HClO$$
$$2HClO \rightleftharpoons 2HCl + O_2 \uparrow$$

最常见的次氯酸盐为次氯酸钙[$Ca(ClO)_2$]，它是漂白粉[$Ca(ClO)_2 \cdot 2H_2O$ 和 $CaCl_2 \cdot Ca(OH)_2 \cdot H_2O$ 的混合物]的主要成分。$Ca(ClO)_2$ 在水和 CO_2 的共同作用下，会产生具有漂白、杀菌作用次氯酸，因此漂白粉广泛用于纺织漂染、造纸业中，也是常用的廉价消毒剂。反应式如下：

$$Ca(ClO)_2 + H_2O + CO_2 \rightleftharpoons CaCO_3 \downarrow + 2HClO$$

2. 氯酸及其盐　氯酸 $HClO_3$ 是强酸。氯酸盐中最常见的是 $KClO_3$，为白色结晶，稳定性高于 $HClO_3$。$KClO_3$ 在碱性或中性溶液中氧化作用很弱，在酸性溶液中则为强氧化剂。

$KClO_3$ 与可燃物(如 C，S，P 及有机物)混合，受到撞击极易发生燃烧或爆炸，因此工业上常用于制造火柴、烟火及炸药等。

3. 高氯酸及其盐　高氯酸($HClO_4$)是无机酸中最强的酸，也是一种极强的氧化剂。无水高氯酸为无色、黏稠的发烟液体，木片纸张与之接触即着火，易引爆炸，有极强的腐蚀性。

高氯酸盐多为无色晶体，一般易溶于水，但高氯酸的钾盐却难溶，可用于分析化学中 K^+ 的定量测定。

二、氧、硫及其化合物

周期表中ⅥA族包括氧、硫、硒、碲、钋 5 种元素，称为氧族元素。氧族元素随着原子序数的增加，金属性增强，非金属性减弱；氧化物的酸性递减，碱性递增。本章重点介绍氧和硫及其化合物的性质。

(一) 氧及其化合物

1. 氧　氧是地壳中含量最多、分布最广的元素，约占总质量的 48.6％；氧有 3 种同位素，分别是 ^{16}O，^{17}O 和 ^{18}O；能形成 2 种单质同素异形体，分别是 O_2 和 O_3。

O_2 是无色、无臭的气体，微溶于水，通常情况下 1 L 水中可溶解 49 ml 氧气，这是水生生物赖以生存的基础。氧化性是氧的主要化学性质，其大量存在于含氧化合物中。氧在生命及医药领域有广泛的运用，如生命体的呼吸及新陈代谢、富氧空气在医疗急救、药物制备等。

2. 臭氧　臭氧(O_3)是浅蓝色气体，因具有鱼腥臭味而命名为臭氧。

离地面 20～50 km 的大气层平流层中臭氧浓度相对较高的部分称为臭氧层，其主要作用是吸收短波紫外线。臭氧层中的 O_3 是由太阳紫外辐射导致 O_2 分子离解成的 O 原子与 O_2 分子作用形成的，O_3 在紫外辐射的作用下能重新分解为 O 和 O_2，如此保证 O_3 在臭氧层的平衡，以避免过多的太阳紫外线到达地球表面，从而减弱了其对地球生物的伤害。

O_3 氧化性强于 O_2，是强氧化剂，可用做纸浆、棉麻、油脂、面粉等的漂白剂、饮水的消毒剂等。

3. 过氧化氢(H_2O_2)　纯的过氧化氢是无色黏稠液体。H_2O_2 不稳定，易分解为释放出氧气：

$$2H_2O_2 \rightleftharpoons 2H_2O + O_2 \uparrow$$

H_2O_2 能与水任意比例混合，其水溶液俗称双氧水。市售 H_2O_2 溶液有 30％和 3％ 2 种规格。由于 H_2O_2 作氧化剂的产物是 H_2O，作还原剂的产物 O_2，它反应后的生成物不会留下杂质而污染介质,是一种"干净"试剂,因此可用于水及伤口的消毒等。

H_2O_2 中氧的氧化值为 -1,具有向 0 及 -2 转化的可能性,即既具有氧化性又具有还原性。一般情况下表现为氧化性,可用作纺织用漂白剂和脱氯剂。《中华人民共和国药典》中 H_2O_2 的鉴定及含量测定就是利于了其还原性:

$$鉴定:4H_2O_2 + Cr_2O_7^{2-} + 2H^+ == 2CrO_5 + 5H_2O$$
$$(蓝色)$$

$$含量测定:2KMnO_4 + 5H_2O_2 + 3H_2SO_4 == 2MnSO_4 + K_2SO_4 + 5O_2\uparrow + 8H_2O$$

(二)硫及其化合物

在自然界硫主要以单质硫、硫化物和硫酸盐形式存在。单质硫俗称硫黄。硫经沸腾变成黄色蒸气再急速冷却后直接凝成硫的小晶体粉末,即药用升华硫,临床上主要具有杀虫作用而制成硫软膏,用于治疗疥疮、真菌感染等。

1. 二氧化硫 SO_2 和亚硫酸 SO_2 是无色有强烈刺激性气味的有毒气体。SO_2 是大气中的严重污染源,是"酸雨"($pH<5.6$ 的雨水)的主要根源。

SO_2 易溶于水,常温下 1 L 水能溶解 40 L SO_2。SO_2 溶于水生成不稳定的亚硫酸 (H_2SO_3),亚硫酸只能存在于水溶液中,尚未制得游离态 H_2SO_3。

SO_2 和 H_2SO_3 中 S 的氧化值为 $+4$,具有向更高或更低的氧化值转化的可能性,既有氧化性,又有还原性,以还原性为主。

2. 三氧化硫 SO_3 和硫酸 室温下纯 SO_3 是无色易升华的固体,极易与水化合,生成硫酸(H_2SO_4)。纯硫酸是无色透明的油状液体,市售浓硫酸含量为 98%,密度为 1.84 g/cm^3,浓硫酸有如下性质。

(1)酸性:H_2SO_4 是二元强酸,第 1 步完全离解,第 2 步不完全离解,$K_{a_2} = 1.2 \times 10^{-2}$:

$$H_2SO_4 == H^+ + HSO_4^-$$
$$HSO_4^- \rightleftharpoons H^+ + SO_4^{2-}$$

(2)吸水性:浓 H_2SO_4 有强烈的吸水作用,不仅能吸收游离水,还能把有机物(如棉布、糖等)中的 H 和 O 按 H_2O 的组成脱去,使这些有机物脱水后碳化。基于浓 H_2SO_4 的吸水性,可用做干燥剂。

(3)氧化性:稀硫酸不显氧化性,浓 H_2SO_4 属于中等强度的氧化剂,加热时氧化性更显著,能氧化很多金属和非金属,本身被还原为 SO_2,S 或 H_2S。例如:

$$Cu + 2H_2SO_4(浓) == CuSO_4 + SO_2\uparrow + 2H_2O$$
$$3Zn + 4H_2SO_4(浓) == 3ZnSO_4 + S + 4H_2O$$
$$2P + 5H_2SO_4(浓) \xrightarrow{\triangle} 2H_3PO_4 + 5SO_2\uparrow + 2H_2O$$
$$C + 2H_2SO_4(浓) \xrightarrow{\triangle} CO_2\uparrow + 2SO_2\uparrow + 2H_2O$$

但是,金属铁和铝等金属不与冷的浓 H_2SO_4 发生反应,原因是铁和铝在冷的浓 H_2SO_4 中形成"钝态",即金属表面生成了致密的氧化物薄膜,保护了内部金属不继续与酸作用,因此常用铁(铝)罐车储运浓 H_2SO_4(浓度必须在 92.5% 以上)。

浓 H_2SO_4 是药物生产、检验及药学研究中常用的酸,使用时应注意:①浓 H_2SO_4 能严重灼伤皮肤,万一误溅到皮肤上,先用软布或纸轻轻沾去,再用大量的水冲洗,最后用 2% 小苏打水或稀氨水浸泡片刻。②浓 H_2SO_4 稀释时会放出大量的热,配制 H_2SO_4 溶液时,应将浓 H_2SO_4 沿器壁徐徐注入水中,并不断轻轻搅拌。

(三) 硫的含氧酸盐

1. **硫酸盐** 硫酸盐在硫的含氧酸盐种类最多,常见的金属元素几乎都能形成硫酸盐。许多硫酸盐在临床上作为药物使用,如 $CaSO_4$ 在药品生产中常用作填充剂;$BaSO_4$ 在临床上常用做胃肠道病变的诊断试剂,即"钡餐";$Na_2SO_4 \cdot 10H_2O$ 及 Na_2SO_4 在中药中分别称为芒硝和元明粉,用作缓泻剂。

(1) 溶解性:硫酸盐($CaSO_4$,$BaSO_4$,$PbSO_4$,Ag_2SO_4 除外)易溶于水。$BaSO_4$ 不仅难溶于水,也不溶于酸和王水,因此《中华人民共和国药典》中将待测品溶液与 $BaCl_2$ 溶液反应是否有白色沉淀物作为判断待测品中是否含有硫酸盐的标准。反应式如下:

$$Ba^{2+} + SO_4^{2-} = BaSO_4 \downarrow$$

含结晶水的可溶性硫酸盐称为矾,如绿矾($FeSO_4 \cdot 7H_2O$)、胆矾($GuSO_4 \cdot 5H_2O$)等。

(2) 酸式硫酸盐:酸式硫酸盐(如 $NaHSO_4$,$KHSO_4$)等都可溶于水,且溶液呈酸性。市售"洁厕净"的主要成分即 $NaHSO_4$。

2. **过硫酸盐** 过硫酸盐的分子中含有过氧基—O—O—,可看成是过氧化氢 H—O—O—H 分子中的 H 被—SO_3H 取代的产物。过硫酸盐中 O 原子的氧化值为 -1,S 的氧化值为 $+6$。

过硫酸盐是强氧化剂,例如其能在 Ag^+ 催化下,将 Mn^{2+} 氧化成紫红色的 MnO_4^-:

$$2Mn^{2+} + 5S_2O_8^{2-} + 8H_2O \xrightarrow{Ag^+} 2MnO_4^- + 10SO_4^{2-} + 16H^+$$

3. **硫代硫酸钠** 硫代硫酸钠($Na_2S_2O_3$)俗称海波或大苏打,是一种无色透明的晶体,易溶于水。10%硫代硫酸钠注射剂可用于治疗氰化物、碘、汞等中毒,20%硫代硫酸钠内服可用于治疗重金属中毒,外用可用于治疗慢性皮炎等皮肤病。

$Na_2S_2O_3$ 在中性和碱性溶液中很稳定,在酸性溶液可迅速分解,可用于硫代硫酸根离子的鉴定:

$$S_2O_3^{2-} + 2H^+ = S \downarrow + SO_2 \uparrow + H_2O$$

$Na_2S_2O_3$ 是中等强度还原剂,可被 I_2 氧化生成连四硫酸钠($Na_2S_4O_6$)。药物分析中运用此方法进行碘量法测定,以进行某些氧化性药物的含量测定。反应式如下:

$$2Na_2S_2O_3 + I_2 = 2NaI + Na_2S_4O_6$$

(四) 硫化氢和硫化物

1. **硫化氢(H_2S)** H_2S 是无色有臭鸡蛋气味的有毒气体,其具有麻醉神经中枢的作用,当空气中 0.1% 的 H_2S 时,就会引起头痛、晕眩,大量吸入会严重中毒,甚至死亡。

H_2S 能溶于水,20℃时 1 体积水能溶解 2.6 体积的 H_2S,H_2S 的水溶液称为氢硫酸,是二元弱酸:

$$H_2S \rightleftharpoons H^+ + HS^- \quad K_{a_1} = 1.3 \times 10^{-7}$$
$$HS^- \rightleftharpoons H^+ + S^{2-} \quad K_{a_2} = 7.1 \times 10^{-15}$$

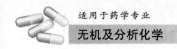
H₂S中S的氧化值为-2,具有较强的还原性,常被氧化成单质S。如H₂S的水溶液在空气易被空气中的氧化析出游离的硫而变浑浊,因此,工作中使用的H₂S溶液必须现用现配。反应式如下:

$$2H_2S + O_2 =\!=\!= 2S\downarrow + 2H_2O$$

H₂S遇到强氧化剂时也可生成S^{+4}或S^{+6}的化合物。例如:

$$3H_2SO_4(浓) + H_2S =\!=\!= 4SO_2 + 4H_2O$$
$$4Cl_2 + H_2S + 4H_2O =\!=\!= H_2SO_4 + 8HCl$$

2. 硫化物　金属硫化物(碱金属及铵的硫化物易溶于水,碱土金属硫化物微溶于水)大多有颜色且难溶于水。

三、氮、磷及其化合物

ⅤA族元素包括氮、磷、砷、锑、铋5种元素,称为氮族元素。氮和磷是典型的非金属,砷为半金属,锑和铋为金属。本节主要讨论氮和磷及其化合物。

(一) 氮及其化合物

1. 氮气(N₂)　N₂是无色、无臭、无味的气体,主要存在于大气中(大气中氮气的体积分数为78%)。常温下化学性质极不活泼,是主要的工业气体之一,在药品及食品生产中常用作保护性气体。

2. 氨气(N₂)　N₂在常温下是无色、有特殊刺激性气味。常压下冷却到$-33℃$,或$25℃$加压到990 kPa,氨即凝聚为液体,称为液氨。液氨气化时能吸收大量的热,故可作制冷剂。

工业上制氨是由氮气和氢气在高温高压催化剂作用下直接合成的:

$$N_2(g) + 3H_2(g) \rightleftharpoons 2NH_3(g)$$

实验室常用铵盐与碱反应制得:

$$2NH_4Cl + Ca(OH)_2 =\!=\!= CaCl_2 + 2NH_3\uparrow + 2H_2O$$

氨的主要性质特点如下。

(1) 氨极易溶于水,常温下1体积水能溶解700个体积的氨,氨的水溶液称为氨水。氨在水中主要以氨的水合物NH₃·H₂O的形式存在,但NH₃·H₂O还会发生部分离解而使氨水显弱碱性。氨水中存在以下平衡:

$$NH_3 + H_2O \rightleftharpoons NH_3 \cdot H_2O \rightleftharpoons NH_4^+ + OH^-$$

(2) 配位反应:氨分子中的N原子上有孤对电子,能与许多金属离子形成配离子,例如:

$$Cu^{2+} + 4NH_3 =\!=\!= [Cu(NH_3)_4]^{2+}$$
$$Ag^+ + 2NH_3 =\!=\!= [Ag(NH_3)_2]^+$$

(3) 氧化反应:氨分子N的氧化值为-3,处在最低氧化态,只有还原性,在一定条件下能被氧化成为氮气或高氧化值的含氮化合物,如NH₃在纯氧中燃烧生成N₂:

$$4NH_3 + 3O_2 \xrightarrow{\text{燃烧}} 2N_2 \uparrow + 6H_2O$$

3. 铵盐　铵盐多为无色晶体,易溶于水,热稳定性低,易水解。其中 NH_4Cl 在临床上常用作祛痰药及辅助利尿药。铵盐的主要性质如下。

(1)热稳定性:铵盐稳定性低,遇热易分解,其分解产物取决于对应酸的特点。对应的酸有挥发性时,分解生成氨和相应的挥发性酸,例如:

$$NH_4Cl \xrightarrow{\triangle} NH_3 \uparrow + HCl \uparrow$$
$$NH_4HCO_3 === NH_3 \uparrow + CO_2 \uparrow + H_2O$$

对应的酸难挥发时,分解过程中只有 NH_3 挥发,而酸以酸式盐或酸的形式残留在容器中:

$$(NH_4)_2SO_4 \xrightarrow{\triangle} NH_3 \uparrow + NH_4HSO_4$$
$$(NH_4)_3PO_4 \xrightarrow{\triangle} 3NH_3 \uparrow + H_3PO_4$$

对应的酸有氧化性时,分解的同时, NH_4^+ 被氧化,生成 N_2 , N_2O 等:

$$NH_4NO_3 \xrightarrow{\triangle} N_2O \uparrow + 2H_2O$$
$$2NH_4NO_3 \xrightarrow{\triangle} 2N_2 \uparrow + 4H_2O \uparrow + O_2 \uparrow （爆炸）$$

基于该反应,硝酸铵常作为爆炸混合物的组成之一,因此在制备、储存或运输中,要格外小心、避免高温、撞击,以防爆炸。

(2)水解性:铵盐的水溶液可水解,其水解平衡如下:

$$NH_4^+ + H_2O \rightleftharpoons NH_3 + H_3O^+$$

若在铵盐溶液中加碱,平衡会向右移动,即有氨气逸出使湿润的石蕊试纸变蓝,这一特点可用于鉴定 NH_4^+ 离子。

(3)鉴定 NH_4^+ 还可与 Nessles(奈斯勒)试剂(KOH 液 + K_2HgI_4 液)反应生成棕黄色沉淀物进行鉴定。

(二)硝酸和硝酸盐

1. 硝酸　硝酸是重要的工业"三酸"之一。硝酸的主要性质如下。

(1)纯硝酸为无色透明液体,受热或光照易分解:

$$4HNO_3 \xrightarrow{\text{热或光}} 4NO_2 \uparrow + O_2 \uparrow + 2H_2O$$

(2)酸性:硝酸是强酸,具有酸的通性。

(3)强氧化性:硝酸是强氧化剂,能氧化多种金属(Au, Pt 除外)、非金属及某些低氧化态的氧化物,而其还原产物的形式与硝酸的浓度及金属的活泼性等性质有关,例如:

$$Cu + 4HNO_3（浓）=== Cu(NO_3)_2 + 2NO_2 \uparrow + 2H_2O$$
$$3Cu + 8HNO_3（稀）=== 3Cu(NO_3)_2 + 2NO \uparrow + 4H_2O$$
$$4Zn + 10HNO_3（稀）=== 4Zn(NO_3)_2 + N_2O \uparrow + 5H_2O$$

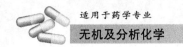

$$4Zn + 10HNO_3(极稀) == 4Zn(NO_3)_2 + NH_4NO_3 + 3H_2O$$

$$3C + 4HNO_3(浓) \xrightarrow{\triangle} 3CO_2\uparrow + 4NO\uparrow + 2H_2O$$

Au，Pt 不能被 HNO_3 溶解，只能溶于王水（1 体积的浓硝酸和 3 体积的浓盐酸的混合液）。

2. **硝酸盐**　硝酸盐多为无色晶体，易溶于水。固体硝酸盐在常温下比较稳定，受热易分解，产生氧气，例如：

$$2KNO_3 \xrightarrow{\triangle} 2KNO_2 + O_2\uparrow$$

$$2Zn(NO_3)_2 \xrightarrow{\triangle} 2ZnO + 4NO_2\uparrow + O_2\uparrow$$

因硝酸盐受热分解释放氧气，因此其与可燃物混合时，容易引起自燃甚至爆炸，可用于制造焰火及黑火药。

3. **亚硝酸与亚硝酸盐**　亚硝酸（HNO_2）是一种较弱的酸，$K_a = 5.1 \times 10^{-4}$。HNO_2 不稳定，浓度稍大或微热即分解：

$$2HNO_2 == NO\uparrow + NO_2\uparrow + H_2O$$

亚硝酸与亚硝酸盐的特性如下。

（1）还原性：亚硝酸盐稳定较高，其中 N 的氧化值为 +3，处于 N 的中间氧化态，既有氧化性又有还原性，在酸性溶液中以氧化性为主。如酸性介质中，NO_2^- 能定量氧化 I^- 为 I_2，可用于 NO_2^- 的含量测定：

$$2I^- + 2HNO_2 + 2H^+ == I_2 + 2NO\uparrow + 2H_2O$$

（2）氧化性：当亚硝酸盐遇到了强氧化剂时，可被氧化成硝酸盐：

$$5KNO_2 + 2KMnO_4 + 3H_2SO_4 == 2MnSO_4 + 5KNO_3 + K_2SO_4 + 3H_2O$$

$$KNO_2 + Cl_2 + H_2O == KNO_3 + 2HCl$$

（3）配位性：NO_2^- 的 O 及 N 上都有孤电子对，可与金属离子形成配位化合物，其中以 N 配位时称为硝基，以氧配位时称为亚硝酸根。亚硝酸盐有毒，是强致癌物。但亚硝酸钠注射液可用于治疗氰化物中毒。

（三）磷及其化合物

人体中的磷是构成骨质、核酸的基本成分，其中 80% 以不溶性磷酸盐的形式沉积于骨骼和牙齿中，其余主要集中在细胞内液中，是细胞内的主要缓冲剂。

1. **单质磷**　自然界的单质磷很少，磷多以磷酸盐的形式存在。单质磷有白磷、红磷和黑磷 3 种同素异形体。

白磷（剧毒，口服 0.1 g 即可致死）的相对分子质量相当于 P_4，通常写成 P。白磷见光逐渐变黄，故又称黄磷。3 种同素异形体中白磷最活泼，可在高温下缓慢转化为红磷。白磷在空气中能发生缓慢氧化，部分反应的能量以光能的形式释放，发生磷光现象。

磷在空气中燃烧可生成 P_2O_5，氧气不足则生成 P_2O_3。P_2O_5 为白色粉末，具有很强的吸水性，可作为干燥剂使用。

2. **磷的含氧酸及其盐**

（1）磷酸（H_3PO_4）：市售品 H_3PO_4 含量一般为 85%，为无色透明的液体，由于氢键的存在,其表现为黏稠状。磷酸无氧化性、无挥发性、易溶于水,农业上用于生产各种磷肥。

(2) 磷酸盐:磷酸有 3 种形式的盐,即正盐(如 Na_3PO_4)、一氢盐(如 NaH_2PO_4)和二氢盐(如 Na_2HPO_4)。其中,正盐和一氢盐(Na^+,K^+,NH_4^+ 盐除外)难溶于水,二氢盐可溶于水。

磷酸盐有着广泛的用途。KH_2PO_4 是重要的磷钾肥。Na_3PO_4 在电镀工业中可用于配制表面处理去油液的碱性洗涤剂;在合成洗涤剂配方中,可用作洗衣粉中的添加剂。NaH_2PO_4 在临床上可用作补磷药;NaH_2PO_4 及 K_2HPO_4 是药品生产中常用的辅料,用于 pH 值的调节。

四、碳、硅、硼及其化合物

碳和硅是周期表中ⅣA 族元素,价层电子构型为 ns^2np^2,不易得到或失去电子,主要形成共价化合物。硼是ⅢA 族元素,价层电子构型为 $2s^22p^1$。

(一) 碳

1. **碳单质**　碳是构成动植物体及有机物的重要元素,是分布最广、含化合物最多的元素。

碳原子的价层电子构型为 $2s^22p^2$,易形成共价化合物。其同素异形体主要包括金刚石、石墨和碳原子簇。碳原子簇(C_{60})是由 60 个 C 原子构成的类似足球的 12 个正五边形和 20 个正六边形组成的 32 面体,被称为球碳。

2. **碳的氧化物**　碳在充足的空气中燃烧生成二氧化碳(CO_2),空气不足时生成一氧化碳(CO)。

CO 是无色、无臭的有毒气体。CO 与血红蛋白中 Fe^{3+} 的结合能力比 O_2 大,因此能和血液中的血红蛋白结合,破坏其输氧功能,使人的心、肺和脑组织受到严重损伤,甚至死亡。当空气中 CO 的体积分数达到 0.10% 时,就会引起中毒。

CO 具有还原性,可以使很多金属氧化物还原为金属,是金属冶炼中的重要还原剂。例如:

$$Fe_2O_3 + 3CO \rightleftharpoons 2Fe + 3CO_2\uparrow$$

CO_2 是无色、无臭的气体。大气中的 CO_2 含量基本恒定,它能吸收太阳光的红外线,为地球生命提供合适的环境。但近年来世界工业的迅速发展,大气中 CO_2 逐渐增加,破坏了生态平衡,产生了温室效应,导致全球气温逐渐上升。

CO_2 易液化,常温加压可制成液态。液态 CO_2 在低压下迅速蒸发可吸收大量热量,可得到冷却为雪花状固体 CO_2,俗称"干冰"。"干冰"在药品生产过程中可用于排除有害化学药剂的使用以避免生产设备接触有害化学物和产生第二次垃圾;或用于抑制沙门菌、李斯特菌等细菌以达到更彻底的消毒、洁净目的。临床上将 CO_2 储于耐压钢瓶内,用作呼吸兴奋药。

(二) 碳酸盐

碳酸是二元酸,能形成正盐和酸式盐。其中在临床上 Ca_2CO_3 常用做抗酸药及补钙药;Li_2CO_3 常用做抗躁狂药;$NaHCO_3$ 用做抗酸药。

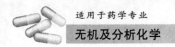

1. **溶解性** 多数碳酸盐[Na_2CO_3，K_2CO_3，$(NH_4)_2CO_3$ 除外]难溶于水。一般而言，难溶碳酸盐的相应酸式盐溶解度较大。运用这一特性可鉴定 CO_3^{2-} 离子，即将碳酸盐中加入酸，产生 CO_2 气体，将此气体通入 $Ca(OH)_2$ 溶液中，会产生白色 $CaCO_3$ 沉淀物：

$$Ca(OH)_2 + CO_2 =\!\!=\!\!= CaCO_3 \downarrow + H_2O$$

2. **热稳定性** 碳酸盐及碳酸氢盐的热稳定性较差，其热稳定性大致规律为：碳酸＜酸式碳酸盐＜碳酸盐。例如：

$$H_2CO_3 \xrightarrow{\text{常温}} H_2O + CO_2 \uparrow$$

$$2NaHCO_3 \xrightarrow{150℃} Na_2CO_3 + H_2O + CO_2 \uparrow$$

$$Na_2CO_3 \xrightarrow{>1\,800℃} Na_2O + CO_2 \uparrow$$

对不同金属离子的碳酸盐，其热稳定性表现为铵盐＜过渡金属盐＜碱土金属盐＜碱金属盐。例如：

$$(NH_4)_2CO_3 \xrightarrow{58℃} 2NH_3 \uparrow + H_2O + CO_2 \uparrow$$

$$ZnCO_3 \xrightarrow{350℃} ZnO + CO_2 \uparrow$$

$$CaCO_3 \xrightarrow{910℃} CaO + CO_2 \uparrow$$

(三) 硅及其化合物

硅在地壳中的含量极其丰富，约占地壳总质量的 1/4，仅次于氧，但自然界没有游离态的硅，硅均以化合物（主要是氧化物）的形式存在。

1. **二氧化硅(SiO_2)** 二氧化硅在自然界中广泛分布于岩石、土壤及许多矿石中，同时也是玻璃的主要成分。二氧化硅分为晶型和无定形两种。石英是常见的晶型二氧化硅，无色透明的石英又叫水晶。无定形二氧化硅主要包括硅藻土等，主要用作可湿性粉剂、旱地除草剂、水田除草剂以及各种生物农药的生产。在药品生产中主要作为药用辅料，用作助悬剂或助流剂。

二氧化硅是酸性氧化物，能与热的浓碱溶液或熔融 Na_2CO_3 作用生成硅酸盐：

$$SiO_2 + 2NaOH \xrightarrow{\triangle} Na_2SiO_3 + H_2O$$

$$SiO_2 + Na_2CO_3 \xrightarrow{\triangle} Na_2SiO_3 + CO_2 \uparrow$$

二氧化硅一般与酸不发生反应，但能与 HF 反应：

$$SiO_2 + 4HF =\!\!=\!\!= SiF_4 + 2H_2O$$

2. **硅酸** 硅酸是二氧化硅的水合物，包括偏硅酸(H_2SiO_3)、正硅酸(H_3SiO_4)、焦硅酸($H_6Si_2O_7$)等，可用 $xSiO_2 \cdot yH_2O$ 表示，习惯上硅酸是指偏硅酸。

硅酸是一种极弱的酸，很容易被其他的酸（甚至碳酸、醋酸）从硅酸盐中析出，例如：

$$SiO_3^{2-} + CO_2 + H_2O =\!\!=\!\!= H_2SiO_3 \downarrow + CO_3^{2-}$$

$$SiO_3^{2-} + 2HAc =\!\!=\!\!= H_2SiO_3 \downarrow + 2Ac^-$$

硅酸水中溶解度小，且不稳定，很快凝集成胶状沉淀，为硅酸凝胶($mSiO_3 \cdot nH_2O$)，此凝胶脱水干燥后,即得多孔性固体硅胶。浸透过 $CoCl_2$ 的硅胶为变色硅胶。因无水 Co^{2+} 显蓝色,水合钴离子 $[Co(H_2O)_6]^{2+}$ 呈粉红色,因此变色硅胶的颜色变化可用于指示其吸湿程度,当硅胶由蓝色变成粉红色,说明其含水分已较高,把硅胶烘干后颜色由粉红色(湿)再次变成蓝色(干)。变色硅胶可作为干燥剂可反复使用。

3. **硅酸盐**　硅酸盐在自然界分布很广,除碱金属硅酸盐外均难溶于水。硅酸钠 (Na_2SiO_3)是常见的硅酸盐,其水溶液俗称水玻璃(工业上称为泡花碱),主要用做木材及织物的防火处理、黏合剂、肥皂的填充剂和发泡剂等。

(五) 硼及化合物

硼在自然界主要以含氧化合物的形式存在,如硼酸和硼砂等。

1. **硼酸**　硼酸(H_3BO_3)为无色片状光泽结晶。硼酸微溶于冷水,易溶于热水。硼酸为一元弱酸($K_a = 5.8 \times 10^{-10}$),其在水中所表现出来的酸性是由于硼原子上空的 p 轨道接受 H_2O 中 OH^- 上的孤电子对而释放 H^+,形成配离子 $B(OH)_4^-$:

$$H_3BO_3 + H_2O \Longrightarrow \left[HO\!-\!\overset{\displaystyle OH}{\underset{\displaystyle OH}{B}}\!\leftarrow\!OH \right]^- + H^+$$

硼酸在医药上用做防腐剂消毒剂,可制成硼酸软膏、痱子粉等。

2. **硼砂**　硼砂($Na_2B_4O_7 \cdot 10H_2O$)是重要的硼酸盐,又称四硼酸钠。硼砂为白色透明晶体,易风化,在滴定分析中用作碱性基准物质。

硼砂在熔融状态时能溶解 Fe,Co,Ni,Mn 等金属氧化物并显示出不同的颜色,如 $2NaBO_2 \cdot Co(BO_2)_2$(蓝色), $2NaBO_2 \cdot Mn(BO_2)_2$(绿色)等,分析化学上利用这一性质来鉴定某些金属离子,称为硼砂珠试验。

硼砂也是临床常用的防腐剂消毒剂。

第二节　金属元素及其化合物

在已经发现的元素中,金属元素约占 4/5。金属按颜色来分,可分为黑色金属(包括铁、铬、锰及其合金)和有色金属(除黑色金属以外的所有金属);按密度大小来分,可将金属分为轻金属和重金属:轻金属一般是指密度在 4.5 g·cm^{-3} 以下的金属,如钠、钙、镁、铝等;重金属是指密度在 4.5 g·cm^{-3} 以上的金属,如铜、铅、铁等。

与生命活动密切相关的金属元素主要有钠、镁、钾、钙、铁、锰、锌、铬、铜等。本章主要介绍过渡元素。

一、过渡元素通性

过渡元素是元素周期表中从ⅢB族到ⅧB族的化学元素,可分为 3 个系列:①位于周期表中第 4 周期的 Sc~Zn 称为第 1 过渡系元素;②第 5 周期中的 Y~Cd 称为第 2 过渡系元素；③第 6 周期中的 La～Hg 称为第 3 过渡系元素。

1. **金属通性** 过渡元素都是金属元素，具备金属的通性：有金属光泽，延展性、导电性和导热性，大部分具有熔点高、沸点高、硬度高、密度大等特点。

2. **价层电子** 构型为 $(n-1)d^{1\sim10}ns^{1\sim2}$。过渡元素在原子结构上的共同特点是价电子依次充填在次外层的 d 轨道上，最外层只有 1～2 个电子（Pd 除外），其价层电子构型为 $(n-1)d^{1\sim10}ns^{1\sim2}$（表 2-4）。

表 2-4 过渡元素价层电子构型

族	第 4 周期		第 5 周期		第 6 周期	
ⅢB	Sc	$3d^14s^2$	Y	$4d^15s^2$	La	$4f^{14}5d^16s^2$
ⅣB	Ti	$3d^24s^2$	Zr	$4d^25s^2$	Hf	$4f^{14}5d^26s^2$
ⅤB	V	$3d^34s^2$	Nb	$4d^45s^1$	Ta	$4f^{14}5d^36s^2$
ⅥB	Cr	$3d^54s^1$	Mo	$4d^55s^1$	W	$4f^{14}5d^46s^2$
ⅦB	Mn	$3d^54s^2$	Tc	$4d^55s^2$	Re	$4f^{14}5d^56s^2$
Ⅷ	Fe	$3d^64s^2$	Ru	$4d^75s^1$	Os	$4f^{14}5d^66s^2$
	Co	$3d^74s^2$	Rh	$4d^85s^1$	Ir	$4f^{14}5d^76s^2$
	Ni	$3d^84s^2$	Pd	$4d^{10}$	Pt	$4f^{14}5d^96s^1$
ⅠB	Cu	$3d^{10}4s^1$	Ag	$4d^{10}5s^1$	Au	$4f^{14}5d^{10}6s^1$
ⅡB	Zn	$3d^{10}4s^2$	Cd	$4d^{10}5s^2$	Hg	$4f^{14}5d^{10}6s^2$

3. **多种氧化态** 过渡元素最外层 s 电子和次外层 d 电子可参加成键，所以过渡元素常有多种氧化态，且大多数连续变化。如 Mn 的氧化数可从 +2 连续变化到 +7（表 2-5）。

表 2-5 代表性过渡元素价层电子构型

项目	构型									
	ⅢB	ⅣB	ⅤB	ⅥB	ⅦB	Ⅷ	Ⅷ	Ⅷ	ⅠB	ⅡB
元素	Sc	Ti	V	Cr	Mn	Fe	Co	Ni	Cu	Zn
$3d^n$	$3d^1$	$3d^2$	$3d^3$	$3d^5$	$3d^5$	$3d^6$	$3d^7$	$3d^8$	$3d^9$	$3d^{10}$
主要氧化数	+2 +3	+3 +4	+3 +4 +5	+2 +3 +6	+2 +3 +4 +6 +7	+2 +3	+2 +3	+2 +3	+1 +2	+2

4. **过渡元素易形成配合物** 过渡元素的原子或离子具有部分空的 $(n-1)d$，ns，np 轨道可接受配体的孤电子对，形成配合物。

二、重要金属元素及其特性

（一）铁

铁在地壳中的含量排第 4 位，主要以铁矿，即赤铁矿（Fe_2O_3）、磁铁矿（Fe_3O_4）、褐铁矿

$(Fe_2O_3 \cdot H_2O)$的形式存在。铁在人体中的功能主要是参与血红蛋白的形成而促进造血。

　　纯铁是银白色有光泽有韧性的金属。常温下,铁在水、空气中的氧气及二氧化碳等的共同作用下,容易发生化学腐蚀。铁易与盐酸、稀硫酸中的 H 和某些金属盐发生置换反应,但铁在冷的浓硝酸或浓硫酸中会发生"钝化"。

　　铁的价电子层构型为$3d^6 4s^2$,容易失去 2 个或 3 个电子形成 Fe^{2+} 及 Fe^{3+},其中 Fe^{3+} 离子的价电子结构为$3d^5$,处于半充满状态,稳定性高于 Fe^{2+}。

　　1. 铁的氧化物

　　(1) 氧化亚铁(FeO):黑色粉末,溶于酸,不溶于水和碱。不稳定,很容易被氧化成四氧化三铁。

　　(2) 氧化铁(Fe_2O_3):红色无定形粉末,不溶于水,溶于盐酸。可用作磁性材料、红色颜料、抛光粉等。

　　2. 氢氧化物

　　(1) 氢氧化铁[$Fe(OH)_3$]:为棕色絮凝沉淀。不溶于水,新制的易溶于有机酸和无机酸,放置若干时间后则难溶。供制颜料、药物、砷的解毒药等。

　　(2) 氢氧化亚铁 $Fe(OH)_2$ 在空气中不稳定,易被氧化成 $Fe(OH)_3$:

$$4Fe(OH)_2 + O_2 + H_2O =\!=\!= 4Fe(OH)_3$$

　　3. 铁盐　　亚铁(Ⅱ)盐不稳定,在碱性溶液 Fe^{2+} 易被氧化为 Fe^{3+},如硫酸亚铁($FeSO_4 \cdot 7H_2O$,俗称绿矾),在空气中缓慢风化,并氧化成黄褐色。因此为了防止 Fe^{2+} 被氧化,在配制亚铁盐溶液时常加入适量的酸及单质铁(如铁钉),从而使氧化产物 Fe^{3+} 经单质铁还原为 Fe^{2+}:

$$2Fe^{3+} + Fe =\!=\!= 3Fe^{2+}$$

　　铁(Ⅲ)盐又称高铁盐,易水解:

$$Fe^{3+} + 3H_2O =\!=\!= Fe(OH)_3 \downarrow (絮状) + H^+$$

　　如氯化铁($FeCl_3$)在水中可生成 $Fe(OH)_3$ 胶体,此胶体产物能吸附水中的悬浮杂质并使之凝聚沉降,因此被自来水厂用作净水剂。

　　铁(Ⅲ)盐在酸性溶液中是一种强氧化剂,因此工业中常用 $FeCl_3$ 作铜板的腐蚀剂,以制造印刷线路板:

$$Cu + 2Fe^{3+} =\!=\!= Cu^{2+} + 2Fe^{2+}$$

　　4. 铁离子的检验

　　(1) Fe^{3+} 的检验:

　　1) CNS^- 可与 Fe^{3+} 形成红色配合物,因此常用硫氰化钾(KCNS)溶液来检验 Fe^{3+}:

$$Fe^{3+} + 6\,CNS^- =\!=\!= [Fe(CNS)_6]^{3-}$$
$$\quad 无色 \qquad\qquad 血红色$$

　　2) 黄血盐即亚铁氰化钾 $K_4[Fe(CN)_6]$ 和 Fe^{3+} 起反应生成深蓝色(普鲁士蓝)沉淀物,可用于检验 Fe^{3+}:

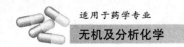

$$K_4[Fe(CN)_6] + FeCl_3 = KFe[Fe(CN)_6]\downarrow + 3KCl$$

（2）Fe^{2+} 的检验：赤血盐即铁氰化钾 $K_3[Fe(CN)_6]$ 和 Fe^{2+} 离子起反应生成深蓝色（滕氏蓝）沉淀物，可用于检验 Fe^{2+}：

$$K_3[Fe(CN)_6] + FeCl_2 = KFe[Fe(CN)_6]\downarrow + 2KCl$$

（二）锰及其化合物

锰的价电子层构型为 $3d^5 4s^2$，主要有 +1，+2，+4，+6，+7 这 5 种氧化数，能形成多种化合物。

1. 二氧化锰　二氧化锰（MnO_2）黑色或棕黑色粉末，是自然界中软锰矿的主要成分，不溶于水和硝酸。其在酸性条件下具有较强的氧化性。MnO_2 可作为催化剂时加热分解 $KClO_3$ 制 O_2。MnO_2 在工业上主要用于炼钢、制玻璃（着色剂）、陶瓷、搪瓷、干电池等。

2. 高锰酸钾　高锰酸钾（$KMnO_4$）俗名 PP 粉、灰锰氧，紫黑色针状结晶，溶于水成紫红色溶液。临床上可制成高锰酸钾外用片，起消毒防腐作用。

高锰酸钾是重要的氧化剂。在酸性条件下，可被还原为 Mn^{2+}，在化学分析中可用作 H_2O_2 等还原性物质的含量测定。

$$2KMnO_4 + 5H_2O_2 + 3H_2SO_4 = 2MnSO_4 + K_2SO_4 + 5O_2\uparrow + 8H_2O$$

（三）锌及其化合物

锌是 ⅡB 族元素，对人体多种生理功能起着重要作用，能参与多种酶的合成、加速生长发育、增强创伤组织再生能力、增强抵抗力、促进性功能。

锌是一种银白色金属，在潮湿空气中会变成蓝灰色，原因是表面生成了一层致密的碱式碳酸盐 $[Zn_2(OH)_2CO_3]$，其可保护里面的锌不被继续腐蚀，因此，锌具有防腐蚀作用，工业上常在铜、铁等表面镀锌防腐。锌是一种较活泼的金属，锌的氧化物、氢氧化物具有两性。

1. 氧化锌和氢氧化锌

（1）氧化锌（ZnO）为白色粉末，不溶于水，为两性氧化物：

$$ZnO + 2HCl = ZnCl_2 + H_2O$$
$$ZnO + 2NaOH = Na_2ZnO_2 + H_2O$$

氧化锌是一种著名的白色颜料，俗名叫锌白，其优点在于遇 H_2S 不变黑（因为 ZnS 也是白色）。氧化锌无毒，具有收敛性和一定的杀菌能力，临床上用于制作氧化锌软膏。

（2）氢氧化锌 $[Zn(OH)_2]$ 为白色粉末，为两性氢氧化物，不溶于水，可溶于氨水：

$$Zn(OH)_2 + 4NH_3 \rightleftharpoons [Zn(NH_3)_4]^{2+} + 2OH^-$$

氢氧化锌在溶液中有 2 种离解方式：

$$Zn^{2+} + 2OH^- \rightleftharpoons Zn(OH)_2 \xrightarrow{+2H_2O} 2H^+ + Zn(OH)_4^{2-}$$
　　　　（碱式离解）　　　　　　　　　　（酸式离解）

在酸性溶液中，平衡向左移动，当溶液酸度足够大时，得到锌盐；在碱性溶液中，平衡向右移动，当溶液碱度足够大时，得到锌酸盐。

2. 锌盐

(1) 氯化锌($ZnCl_2$)：无水氯化锌($ZnCl_2$)为白色固体,吸水性强,在有机合成中常用做脱水剂、催化剂。$ZnCl_2$ 浓溶液能形成配位酸,具有显著的酸性：

$$ZnCl_2 + H_2O \Longleftrightarrow H[ZnCl_2(OH)]$$

$ZnCl_2$ 能溶解金属氧化物,可作焊药,清除金属表面的氧化物,便于焊接：

$$2H[ZnCl_2(OH)] + FeO \Longrightarrow Fe[ZnCl_2(OH)]_2 + H_2O$$

(2) 硫酸锌($ZnSO_4 \cdot 7H_2O$)：是常见的锌盐,俗称皓矾。主要用于制备锌钡白,即 $BaSO_4$ 和 ZnS 的混合物。锌钡白无毒且覆盖性强,主要用于油漆工业。硫酸锌在临床上常用作补锌药、收敛药。

(四) 铜及其化合物

纯铜是带红色光泽的金属,具有很好的延展性、导电性和传热性。正常成人体内含铜约 100 mg,其主要功能是参与造血过程;增强抗病能力;参与色素的形成。

铜在干燥纯净的空气中很稳定,但在潮湿的空气中,铜的表面会生成一层绿色的碱式碳酸铜[$Cu_2(OH)_2CO_3$],即铜绿：

$$2Cu + O_2 + CO_2 + H_2O \Longrightarrow Cu_2(OH)_2CO_3$$

铜不溶于非氧化性稀酸,但易被硝酸及热的浓硫酸氧化而溶解：

$$Cu + 4HNO_3(浓) \Longrightarrow Cu(NO_3)_2 + 2NO_2\uparrow + 2H_2O$$
$$3Cu + 8HNO_3(稀) \Longrightarrow 3Cu(NO_3)_2 + 2NO\uparrow + 4H_2O$$
$$Cu + 2H_2SO_4(浓) \Longrightarrow CuSO_4 + SO_2\uparrow + 2H_2O$$

铜的价层电子构型为 $3d^{10}4s^1$,常见的氧化值有 $+1$ 和 $+2$ 两种,其中以 Cu^{2+} 最为常见,以下主要介绍 Cu^{2+} 化合物。

1. 氧化铜　氧化铜(CuO)为黑色粉末,难溶于水,其为偏碱性氧化物,易溶于稀酸：

$$CuO + 2H^+ \Longrightarrow Cu^{2+} + H_2O$$

氢氧化铜[$Cu(OH)_2$]为淡蓝色粉末,难溶于水。氢氧化铜稍有两性,易溶于酸[生成铜(Ⅱ)离子]及过量的强碱溶液[生成四羟基合铜(Ⅱ)配离子]：

$$Cu(OH)_2 + 2H^+ \Longrightarrow Cu^{2-} + 2H_2O$$
$$Cu(OH)_2 + 2OH^- \Longrightarrow [Cu(OH)_4]^{2-}$$

氢氧化铜也易溶于氨水,生成四氨合铜(Ⅱ)配离子[$Cu(NH_3)_4]^{2+}$：

$$Cu(OH)_2 + 4NH_3 \Longrightarrow [Cu(NH_3)_4]^{2+} + 2OH^-$$

2. 硫酸铜($CuSO_4$)　无水 $CuSO_4$ 为白色粉末,不溶于乙醇和乙醚,极易吸水而成为蓝色五水合物硫酸铜($CuSO_4 \cdot 5H_2O$,又名胆矾或蓝矾),因此无水 $CuSO_4$ 可用来检验乙醇、乙醚等有机物中的微量水分,也可用作干燥剂。游泳池中加入硫酸铜可抑制藻类的生长繁殖;硫酸铜同石灰乳混合可得波尔多液,用作杀菌剂。临床中硫酸铜属中药中的涌吐药。

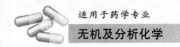

（五）银及其化合物

银的价层电子构型为 $4d^{10}5s^1$，主要形成氧化值为 +1 的化合物，其中硝酸银（$AgNO_3$）最为常用。

硝酸银为无色晶体，易溶于水，见光易分解并析出单质银而变黑，因此，硝酸银晶体或配制好的硝酸银溶液应保存在棕色瓶中：

$$2AgNO_3 \xrightarrow{\text{光}} 2Ag + 2NO\uparrow + 2O_2\uparrow$$

硝酸银具有氧化性，遇微量有机物即被还原成单质银。皮肤沾上 $AgNO_3$ 后会生成银，出现黑色斑点，因此操作时应小心不要接触皮肤。10% 的硝酸银溶液在医药上可用作消毒剂和腐蚀剂。

在药物分析中，硝酸银能与卤素离子 Cl^-，Br^-，I^- 及拟卤素 CN^-，SCN^- 生成卤化银沉淀，常用于卤素离子及拟卤素的鉴别及含量测定。《中华人民共和国药典》中将待测品溶液与 $AgNO_3$ 溶液反应是否浑浊来检查待测品中是否含有氯化物：

$$Ag^+ + Cl^- \Longrightarrow AgCl\downarrow$$

（六）汞及其化合物

汞是唯一在常温下为液态的金属，其流动性好，不湿润玻璃，受热均匀膨胀，适于制造温度计及其他控制仪表。汞能溶解许多金属形成液态或固态合金，称为汞齐。汞的价层电子构型为 $5d^{10}6s^2$，主要形成氧化值为 +1，+2 的两类化合物。

1. **氯化汞（$HgCl_2$）**　$HgCl_2$ 熔点低，易升华，又称升汞，为白色结晶、颗粒或粉末，有剧毒，微溶于水。Hg 以 sp 杂化轨道与 Cl 结合，为共价化合物，空间构型为直线型。$HgCl_2$ 杀菌力很强，其稀溶液可做消毒剂使用，如 1：1 000 的稀溶液可用于外科手术器械消毒。氯化汞与氨水作用能生成氨基氯化汞白色沉淀：

$$HgCl_2 + 2NH_3 \Longrightarrow Hg(NH_2)Cl\downarrow + NH_4^+ + Cl^-$$

在过量 NH_4Cl 的氨水中，$HgCl_2$ 可与 NH_3 形成配合物：

$$HgCl_2 + 2NH_3 \xrightarrow{NH_4Cl} Hg(NH_3)_2Cl_2$$

在酸性溶液中 $HgCl_2$ 是较强的氧化剂，能氧化 $SnCl_2$，产生白色或黑色沉淀，在分析化学上用于鉴定 Hg^{2+} 或 Sn^{2+}：

$$2HgCl_2 + SnCl_2（适量）\Longrightarrow Hg_2Cl_2\downarrow + SnCl_4$$
$$\text{白色}$$
$$HgCl_2 + SnCl_2（过量）\Longrightarrow 2\,Hg\downarrow + SnCl_4$$
$$\text{黑色}$$

2. **氯化亚汞**　氯化亚汞（Hg_2Cl_2）是不溶于水的白色粉末，无毒，味略甜又称甘汞。Hg_2Cl_2 主要用于制作甘汞电极，在临床上曾用作轻泻剂、利尿剂。Hg_2Cl_2 不稳定，见光分解，故应保存在棕色瓶中：

$$Hg_2Cl_2 \Longrightarrow HgCl_2 + Hg$$

Hg_2Cl_2 与氨水反应可生成氨基氯化汞(白色)和汞(黑色)混合的灰黑色沉淀,该反应用于鉴定 Hg_2^{2+} 的存在:

$$Hg_2Cl_2 + 2NH_3 \Longrightarrow Hg(NH_2)Cl\downarrow + Hg\downarrow + NH_4Cl$$

3. 配合物 Hg^{2+} 的价层电子构型为 $5d^{10}$,外层具有空的 s,p 轨道,易与卤素离子 X^- 及拟卤素离子 CN^-,SCN^- 等形成配合物。如 Hg^{2+} 溶液中加入适量的 KI 可生成 HgI_2 橘红色沉淀,HgI_2 可溶于过量的 KI 中,形成无色的 $[HgI_4]^{2-}$:

$$Hg^{2+} + 2I^- \Longrightarrow HgI_2\downarrow$$
$$HgI_2 + 2I^- \Longrightarrow [HgI_4]^{2-}$$

$[HgI_4]^{2-}$ 的碱性溶液称为 Nessles(奈斯勒)试剂,可用于检验 NH_4^+。

(七)铬

铬是周期系ⅥB族第1种元素。金属铬具有银白色光泽,是最硬的金属。人体内铬可协助胰岛素发挥作用、防止动脉硬化、促进蛋白质代谢合成、促进生长发育。铬是人体必需的微量元素,具有 $+1$,$+2$,$+3$,$+5$,$+6$ 等多种氧化值,其中以 $+3$ 和 $+6$ 两类化合物最为重要和常见,但铬(Ⅵ)化合物有毒。

1. 铬(Ⅲ)的化合物

(1) 三氧化二铬(Cr_2O_3):为绿色晶体,俗称铬绿,常用做油漆的颜料、印刷等。Cr_2O_3 不溶于水,有两性,溶于酸形成 Cr(Ⅲ)盐,溶于强碱形成亚铬酸盐(CrO_2^-):

$$Cr_2O_3 + 3H_2SO_4 \Longrightarrow Cr_2(SO_4)_3 + 3H_2O$$
$$Cr_2O_3 + 2NaOH \Longrightarrow 2NaCrO_2 + H_2O$$

(2) 氢氧化铬($Cr(OH)_3$):在 Cr(Ⅲ)盐中加入氨水或氢氧化钠溶液,可析出灰蓝色的氢氧化铬胶体:

$$Cr_2(SO_4)_3 + 6NaOH \Longrightarrow 2Cr(OH)_3\downarrow + 3Na_2SO_4$$

氢氧化铬具有明显的两性,溶于酸生成 Cr^{3+},溶于碱生成亚铬酸盐:

$$Cr(OH)_3 + 3HCl \Longrightarrow CrCl_3 + 3H_2O$$
$$Cr(OH)_3 + NaOH \Longrightarrow NaCrO_2 + 2H_2O$$

2. 铬(Ⅵ)的化合物

(1) 三氧化铬(CrO_3):三氧化铬为暗红色的针状晶体,易潮解,有毒,是强氧化剂,遇有机物易引起燃烧或爆炸。三氧化铬可溶于碱,生成铬酸盐:

$$CrO_3 + 2NaOH \Longrightarrow Na_2CrO_4 + H_2O$$

三氧化铬易潮解,溶于水形成铬酸(H_2CrO_4)和(重铬酸)$H_2Cr_2O_7$,CrO_4^{2-} 及 $Cr_2O_7^{2-}$ 离子在溶液中存在以下电离平衡:

$$2CrO_4^{2-} + 2H^+ \underset{OH^-}{\overset{H^+}{\Longrightarrow}} Cr_2O_7^{2-} + H_2O$$

黄色　　　　　　　橙色

当溶液的酸碱度变化时,其颜色也会随之改变:如加酸,平衡右移,溶液会从黄色变成橙色;如加碱,平衡左移,溶液会从橙色变成黄色。

(2) 铬酸盐和重铬酸盐:与铬酸对应的盐是铬酸盐,常见的铬酸盐有铬酸钾($KCrO_4$)、铬酸钠($NaCrO_4$);与重铬酸对应的盐是重铬酸盐,常见的重铬酸盐有重铬酸钾(K_2CrO_7,红矾钠)、重铬酸钠(Na_2CrO_7,红矾钾)。铬酸盐和重铬酸盐均为强氧化剂,其颜色与酸根的颜色一致。其中 $K_2Cr_2O_7$ 无吸湿性易于提纯,常在分析化学中作为基准试剂使用。

$K_2Cr_2O_7$ 的饱和溶液与浓硫酸等体积混合物称为"铬酸"洗液,常用于清洗玻璃器皿。"铬酸"洗液的洗涤功能主要利于 $Cr_2O_7^{2-}$ 的强氧化性和浓硫酸的强酸性。洗液经过多次使用后,$Cr_2O_7^{2-}$(橙色)被还原成 Cr^{3+}(绿色),洗液由棕红色变成暗绿色,说明 $Cr_2O_7^{2-}$ 已全部变成 Cr^{3+},洗液失效。

小 结

本章选述了药学及医学应用中常见的及重要的非金属元素(如卤素,O, S, N, P, C, Si, B 等)及金属元素(如 Fe, Mn, Zn, Cu, Hg, Cr 等),重点掌握这些元素及其重要化合物的性质、特点及临床药物应用。

习 题

一、单选题

1. 在下列各组物质中属于同素异形体的是
   - A．石墨、药用炭(活性炭)、炭烯
   - B．斜方硫、单斜硫、硫酸
   - C．氧气、臭氧、氧原子
   - D．红磷、五氧化二磷、白磷
   - E．氮气、氨气、氨水

2. 下列化合物中,还原性最强的是
   - A．硫酸盐
   - B．亚硫酸盐
   - C．氢硫酸盐
   - D．硫代硫酸盐
   - E．均不具还原性

3. 下列化合物哪个加入盐酸后有刺激性气味的气体和黄色沉淀物产生
   - A．Na_2S
   - B．Na_2SO_3
   - C．Na_2SO_4
   - D．$Na_2S_2O_3$
   - E．均无

4. $HClO$ 具有消毒杀菌作用,是因为其分解可释放出
   - A．H_2
   - B．O_2
   - C．HCl
   - D．H_2O
   - E．Cl_2

5. 以下能在常温下储存于在铁制容器中的是
   - A．浓硝酸
   - B．浓盐酸
   - C．稀硫酸
   - D．稀盐酸
   - E．均不可

6. 在下列各物质中,不属于一元酸的是
   - A．H_3BO_3
   - B．H_2SO_4
   - C．HF
   - D．HCl
   - E．HNO_3

7. 汞能用于制造温度计是因为
   - A．液体金属
   - B．室温时不活泼
   - C．能溶解金属
   - D．常温时活泼
   - E．膨胀系数均匀,不润湿玻璃

8. 下列保存物质的方法正确的是
   - A．氢氧化钠应保存于玻璃瓶中
   - B．浓硫酸可以储存在铁制容器中
   - C．氢氧化钠应保存于塑料瓶
   - D．HF 应保存于的塑料瓶

E．浓硝酸可以储存在铁制容器中

9. 将一定质量的 NaOH 固体长期露置在空气中后，其质量

　　A．增加　　　　　B．减少　　　　　C．不变　　　　　D．无法确定　　　E．都不对

10. Fe_2O_3 中 Fe 的氧化数为

　　A．4　　　　　　B．3　　　　　　C．6　　　　　　D．8　　　　　　E．10

11. H_2O_2 具有

　　A．氧化性　　　　　　　　B．还原性　　　　　　　　C．酸性

　　D．既具有氧化性，又具有还原性　　　　　　　　E．碱性

12. 酸雨产生的原因主要是

　　A．O_2　　　　　B．CO_2　　　　C．SO_2　　　　D．H_2S　　　　E．HCl

13. 下列不可作为干燥剂的是

　　A．变色硅胶　　　B．HCl　　　　C．P_2O_5　　　D．浓 H_2SO_4　　E．都不是

14. 检测氯气管道是否泄漏采用的试剂是

　　A．浓 HCl　　　B．浓 H_2SO_4　　C．NH_3　　　D．H_2SO_4　　　E．HAc

15. 氯酸中氯的氧化数为

　　A．0　　　　　　B．－2　　　　　C．5　　　　　　D．1　　　　　　E．2

16. 硫化氢的化学性质表现为

　　A．还原性　　　　　　　　B．氧化性　　　　　　　　C．氧化和还原两性

　　D．无氧化和还原两性　　　E．不确定

17. 高氯酸表现为

　　A．氧化性　　　　　　　　B．还原性　　　　　　　　C．氧化和还原两性

　　D．无氧化和还原两性　　　E．都不对

18. 与 Fe^{3+} 生成血红色物质的离子是

　　A．Cl^-　　　　B．Br^-　　　C．CN^-　　　D．SCN^-　　　E．F^-

二、简答题

1. KCNS 加入含 Fe^{3+} 的溶液中时出现血红色，为什么加入铁粉后血红色消失？

2. 漂白粉的主要有效成分是什么？为什么能起漂白杀菌作用？

3. 铁制的容器为什么可以盛放冷的浓硫酸？

4. 硫化物溶液在空气中为什么不稳定？

5. $AgNO_3$ 溶液为什么要保存在棕色瓶内？

6. 铜器在潮湿的空气中放置为什么会生成一层铜绿？

7. 镀锌为什么能防腐？

8. 铬酸洗液主要依靠其何种性质发挥洗液作用？判断其失效的依据是什么？

第三章

溶 液

无·机·及·分·析·化·学

学习目标

1. 掌握溶液浓度的表示及计算方法。
2. 掌握溶液浓度不同表示方法间的换算方法。
3. 掌握稀释及混合溶液的浓度的计算方法。

知识链接

溶液在自然界中无处不在。江、河、湖、海中含有离子、分子等多种物质形式,属于溶液。土壤里含有水分,里面溶解了多种物质,形成土壤溶液,为植物生长提供需要的养料。

溶液对人体十分重要。人体内的血液、淋巴液、胃液、细胞液、尿液及各种腺体分泌液属于溶液;氧气和二氧化碳也是溶解在血液中进行循环;食物里的养分也必须经过消化变成溶液才能吸收。

在临床治疗中大量使用溶液。例如,临床上用的葡萄糖溶液和生理盐水、眼药水、滴耳液、消毒剂过氧化氢及碘酊、用于治疗细菌感染的各种抗生素注射液(如硫酸庆大霉素、硫酸卡那霉素、硫酸链霉素)等都是一定浓度的溶液。

第一节 分 散 系

一种或几种物质以细小颗粒分散在另一种物质中所形成的体系叫做分散体系,简称分散系。其中,被分散的物质称为分散质或分散相;分散系中容纳分散质的物质称为分散介质或分散剂。例如,在碘酒、泥浆水、油水分散系中,碘、泥沙、油为分散质,乙醇、水为分散介质。溶液中的分散质又称为溶质,分散介质称为溶剂。水是最常用的溶剂,一般不指明溶剂的溶液都为水溶液。根据分散质颗粒大小的不同,分散系可分为3种类型(表3-1)。

表 3 - 1 分散系的分类

分散系名称	分散相离子	粒子大小(nm)	举　例
粗分散系			
悬浊液	固体小颗粒	＞100	泥浆水、乳汁、豆浆等
乳浊液	液体小颗粒		
胶体分散系			
溶胶	多分子聚集成胶粒	1～100	$Fe(OH)_3$ 溶胶、As_2S_3 溶胶
高分子溶液	单个高分子		蛋白质、动物胶溶液
分子或离子分散系			
真溶液	分子、离子	＜1	KCl、盐酸溶液

一、粗分散系

分散质颗粒直径大于 100 nm 的分散系称为粗分散系,其主要包括悬浊液和乳浊液。悬浊液是固体小颗粒分散在液体分散介质中形成的分散系。乳浊液是液体小珠滴分散在与之不相溶的另一种液体中形成的分散系。粗分散系的均匀性和稳定性差,外观浑浊,分散介质不能通过滤纸和半透膜,放置后分散质和分散介质会分离,其中混悬液会产生沉淀,乳浊液会分层。

二、胶体分散系

分散质颗粒直径在 1～100 nm 之间的分散系称为胶体分散系。根据分散质颗粒的聚集状态,胶体分散系可分为溶胶和高分子溶液。溶胶是以分子、原子、离子的聚集体为分散质分散在分散介质中所形成的体系。高分子溶液是以单个高分子为分散质分散在分散介质中所形成的体系。胶体分散系具有一定的稳定性,能通过滤纸,不能通过半透膜。

三、分子或离子分散系

分散质颗粒直径小于 1 nm 的分散系称为分子或离子分散系。分子或离子分散系中分散质以分子或离子状态均匀分散在分散介质中,该分散系又称为真溶液或溶液,其是一种高度分散的均相体系,稳定性很高。

溶液中的分散质又称为溶质,分散介质称为溶剂。水是最常用的溶剂,一般不指明溶剂的溶液都为水溶液。

知识链接

在临床治疗中,需要运用分散系的药物主要以真溶液的形式存在,但悬浊液及乳浊液也广泛使用,如中草药煎剂(悬浊液)和脂肪乳剂、鱼肝油乳(乳浊液)等。

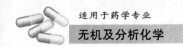

溶液浓度的表示方法

一、溶液浓度的表示方法

溶液的浓度是指一定量溶液或溶剂中所含溶质的量。医学及药学上常用溶液浓度的表示方法有以下几种。

1. 物质的量浓度 溶质 B 的物质的量(n_B)除以溶液的体积(V),称为物质 B 的物质的量浓度,用符号 c_B 表示。公式如下:

$$c_B = \frac{n_B}{V}$$

化学和医学上物质的量浓度常用 $mol \cdot L^{-1}$ 和 $mmol \cdot L^{-1}$ 表示。

计算物质的量浓度需知道溶质的物质的量。物质的量计算方法如下:

$$n(mol) = \frac{m(g)}{M(g \cdot mol^{-1})}$$

【案例 3-1】 500.0 ml 的 HCl 溶液中含 HCl 的物质的量为 0.500 0 mol,试问该 HCl 溶液的物质的量浓度为多少?

解:

$$c(HCl) = \frac{n(HCl)}{V} = \frac{0.500\ 0\ mol}{(500.0/1\ 000)L} = 1.000\ mol \cdot L^{-1}$$

所以该 HCl 溶液的物质的量浓度是 $1.000\ mol \cdot L^{-1}$。

【案例 3-2】 用固体 NaCl 40 g 配成溶液 4 L,计算此溶液中 NaCl 的物质的量浓度。(NaCl 相对分子质量为 58.44)

解:

$$c(NaCl) = \frac{m(NaCl)/M(NaCl)}{V} = \frac{40\ g/58.44\ g \cdot mol^{-1}}{4\ L} = 0.171\ 1\ mol \cdot L^{-1}$$

故该溶液中 NaCl 的物质的量浓度为 $0.171\ 1\ mol \cdot L^{-1}$。

【案例 3-3】 某补镁剂 100 ml 中含 100.0 mgMg^{2+} 离子,计算该制剂中 Mg^{2+} 物质的量浓度。

解:已知 100 ml 制剂 Mg^{2+} 离子的质量和摩尔质量分别是:

$$m(Mg^{2+}) = 100.0\ mg = 0.100\ 0\ g$$
$$M(Mg^{2+}) = 24.0\ g \cdot mol^{-1}$$

则:

$$c(\text{Mg}^{2+}) = \frac{n(\text{Mg}^{2+})}{V} = \frac{m(\text{Mg}^{2+})/M(\text{Mg}^{2+})}{V}$$

$$= \frac{0.1000\ \text{g}/24.0\ \text{g} \cdot \text{mol}^{-1}}{(100/1\ 000)\text{L}}$$

$$= 41.67 \times 10^{-3}\ \text{mol} \cdot \text{L}^{-1} = 41.67\ \text{mmol} \cdot \text{L}^{-1}$$

所以,该制剂中 Mg^{2+} 物质的量浓度为 41.67 mmol·L^{-1}。

2. **质量浓度** 溶质 B 的质量(m_B)除以溶液的体积(V),称为物质 B 的质量浓度,用符号 ρ_B 表示,公式如下:

$$\rho_B = \frac{m_B}{V}$$

质量浓度常用 g·L^{-1},mg·L^{-1} 和 μg·L^{-1} 表示。密度的表示符号为 ρ,应注意质量浓度 ρ_B 与密度 ρ 的区别。

【案例 3-4】 1 000 ml 葡萄糖溶液中含葡萄糖 10 g,问该溶液中葡萄糖的质量浓度为多少?

解:

$$\rho(\text{葡萄糖}) = \frac{m(\text{葡萄糖})}{V} = \frac{10\ \text{g}}{(1\ 000/1\ 000)\text{L}} = 10\ \text{g} \cdot \text{L}^{-1}$$

该溶液中葡萄糖的质量浓度为 10 g·L^{-1}。

【案例 3-5】 在 1 000 ml 生理盐水中含有 9.00 g NaCl,计算生理盐水的质量浓度。

解:

$$\rho(\text{NaCl}) = \frac{m(\text{NaCl})}{V} = \frac{9.00\ \text{g}}{(1\ 000/1\ 000)\text{L}} = 9\ \text{g} \cdot \text{L}^{-1}$$

即生理盐水中 NaCl 的质量浓度为 9.0 g·L^{-1}。

3. **质量分数** 溶质 B 的质量(m_B)除以溶液的质量(m),称为物质 B 的质量分数,用符号 w_B 表示,公式如下:

$$w_B = \frac{m_B}{m}$$

因为 m_B 和 m 的单位相同,故质量分数是一个无量纲的量,其值可以用小数或百分数表示。如市售浓盐酸的质量分数为 0.37(或 37%)。

【案例 3-6】 100 ml 浓硫酸(密度为 1.836 g·ml^{-1})中含有 H_2SO_4 的质量为 176.3 g,求该 H_2SO_4 溶液的质量分数为多少。

解:

$$w(\text{H}_2\text{SO}_4) = \frac{m(\text{H}_2\text{SO}_4)}{m} = \frac{m(\text{H}_2\text{SO}_4)}{\rho V_{\text{H}_2\text{SO}_4}}$$

$$= \frac{176.3\ \text{g}}{1.836\ \text{g} \cdot \text{ml}^{-1} \times 100\ \text{ml}} = 0.96(\text{或}\ 96\%)$$

所以,该浓硫酸溶液的质量分数为 0.96。

4. 体积分数   溶质 B 的体积(V_B)与同温同压下,溶液的体积(V)之比称为物质 B 的体积分数,用 φ_B 表示。公式如下:

$$\varphi_B = \frac{V_B}{V}$$

V_B 和 V 的体积单位相同,故体积分数是 1 个无量纲的量,其值可以用小数或百分数表示。

【案例 3-7】   取 75 ml 乙醇加水配成 100 ml 医用乙醇溶液,计算该乙醇溶液中乙醇的体积分数。

解:

$$\varphi(\text{乙醇}) = \frac{V(\text{乙醇})}{V} = \frac{75\ \text{ml}}{100\ \text{ml}} = 0.75(\text{或 } 75\%)$$

该乙醇溶液中乙醇的体积分数为 0.75。

5. 摩尔分数   溶质 B 的物质的量(n_B)除以混合物的物质的量之和称为溶质 B 的摩尔分数,用符号 x_B 表示。

若溶液由溶质 B 和溶剂 A 组成,则溶质 B 的摩尔分数为:

$$x_B = \frac{n_B}{n_A + n_B}$$

溶剂 A 的摩尔分数 x_A 为:

$$x_A = \frac{n_A}{n_A + n_B}$$
$$x_A + x_B = 1$$

摩尔分数是一无量纲的量。

6. 质量摩尔浓度   溶质 B 的物质的量(n_B)除以溶剂的质量(m_A),符号位 b_B。根据定义:

$$b_B = \frac{n_B}{m_A}$$

质量摩尔浓度的单位是 $mol \cdot kg^{-1}$。

二、溶液浓度间的换算

1. 物质的量浓度与质量浓度间的换算   公式如下:

$$\rho_B = c_B M_B \text{ 或 } c_B = \frac{\rho_B}{M_B}$$

【案例 3-8】   已知 NaCl 注射液的质量浓度为 $9.0\ g \cdot L^{-1}$,计算该注射液的物质的量浓度(NaCl 的相对分子质量为 58.44)。

解:依据物质的量浓度定义及质量浓度的定义,有:

$$c(\text{NaCl}) = \frac{\rho_{\text{NaCl}}}{M_{\text{NaCl}}} = \frac{9.0 \text{ g} \cdot \text{L}^{-1}}{58.44 \text{ g} \cdot \text{mol}^{-1}} = 0.154 \text{ 0 mol} \cdot \text{L}^{-1}$$

该注射液的物质的量浓度为 0.154 0 mol · L⁻¹。

2. 物质的量浓度与质量分数间的换算 公式如下：

$$w_{\text{B}} = \frac{c_{\text{B}} M_{\text{B}}}{\rho} \text{ 或 } c_{\text{B}} = \frac{w_{\text{B}} \rho}{M_{\text{B}}}$$

【案例 3–9】 已知质量分数为 10.00％ NaCl 溶液的密度为 1.074 g · ml⁻¹，计算该溶液的物质的量浓度（NaCl 的相对分子质量为 58.5）。

解：依据物质的量浓度定义及质量分数的定义，有：

$$c_{\text{NaCl}} = \frac{w_{\text{NaCl}} \rho}{M_{\text{NaCl}}} = \frac{10.00\% \times 1.074 \text{ g} \cdot \text{ml}^{-1}}{58.5 \text{ g} \cdot \text{mol}^{-1}} \times 1\,000 = 1.836 \text{ mol} \cdot \text{L}^{-1}$$

该溶液物质的量浓度为 1.836 mol · L⁻¹。

第三节 溶液的配制、稀释和混合

一、溶液的配制

1. 一定质量溶液的配制 分别称取一定质量的溶质和溶剂混合均匀即得。通常采用质量分数（w_{B}）、质量摩尔浓度（b_{B}）和摩尔分数（x_{B}）表示溶液浓度时应采用此方法配制。

【案例 3–10】 配制质量分数为 0.09 的 NaOH 溶液 100 g。

解：100 g 溶液中含有的 NaOH 的质量为：

$$m(\text{NaOH}) = 0.09 \times 100 \text{ g} = 9 \text{ g}$$

配制该溶液所需水的质量为：

$$m(\text{H}_2\text{O}) = 100 \text{ g} - 9 \text{ g} = 91 \text{ g}$$

配制方法为：分别称取 9 g NaOH 和 91 g 水，混合均匀即得。

2. 一定体积溶液的配制 将一定质量（或体积）的溶质与适量的溶剂混合，完全溶解后，再加溶剂至所需体积，搅拌均匀即可。通常采用物质的量浓度（c_{B}），质量浓度（ρ_{B}）和体积分数（φ_{B}）表示溶液的浓度时应采用此法配制。

【案例 3–11】 用固体 NaCl 配制 0.100 0 mol · L⁻¹ 的 NaCl 溶液 100.0 ml（NaCl 的相对分子质量为 58.5）。

解：所需 NaCl 质量为：

$$m(\text{NaCl}) = c_{\text{NaCl}} V_{\text{NaCl}} M_{\text{NaCl}}$$
$$= 0.100 \text{ 0 mol} \cdot \text{L}^{-1} \times \frac{100.0}{1\,000} \text{ L} \times 58.5 \text{ g} \cdot \text{mol}^{-1}$$
$$= 0.585 \text{ 0 g}$$

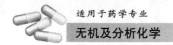

配制方法为:精确称取 0.585 0 g NaCl,放入小烧杯内,加少量蒸馏水溶解后,转移至 100 ml 容量瓶内,再用少量蒸馏水冲洗小烧杯 2～3 次,冲洗液也全部转移至容量瓶内(此过程称为定量转移)。加水至容量瓶的 2/3 处时,初步摇匀。再加水至刻度线,摇匀即可。

【案例 3-12】 配制质量浓度为 50 g·L^{-1} 的葡萄糖溶液 100 ml,求所需葡萄糖的质量。

解:所需葡萄糖的质量为:

$$m(葡萄糖) = \rho_{葡萄糖} \cdot V_{葡萄糖} = 50 \text{ g} \cdot \text{L}^{-1} \times \frac{100}{1\,000} \text{ L} = 5 \text{ g}$$

配制方法为:托盘天平上称取 5 g 葡萄糖置于烧杯中,加少量蒸馏水溶解后,转移至 100 ml 量筒内,加水冲洗烧杯 2～3 次,冲洗液也全部转移至量筒内(此过程称为定量转移)。最后加水至刻线,搅拌均匀即可。

知识链接

　　配制溶液时通常可用托盘天平称取物质的质量,用量筒量取体积。但所配溶液浓度需准确时(如标准溶液),则需采用分析天平和容量瓶进行溶液的配制。

　　用浓硫酸配制稀硫酸溶液时,**需慢慢将浓硫酸加入烧杯里的水中,边加边搅拌**。冷却后,再全部转移至量筒内后加蒸馏水定容至所需体积。

二、溶液的稀释

　　在浓溶液中加入一定量的溶剂使溶液浓度降低的操作称为溶液的稀释。溶液稀释的计算依据是:溶液稀释前后,溶液中所含溶质的量不变。

　　若稀释前浓溶液的浓度为 c_1,体积为 V_1,稀释后稀溶液的浓度为 c_2,体积为 V_2,则:

$$c_1 V_1 = c_2 V_2$$

注意:以上公式使用时应使等式两边的单位一致。

【案例 3-13】 如何用 0.8 mol·L^{-1} 的盐酸制备浓度为 0.1 mol·L^{-1} 的盐酸溶液 100 ml?

解:设需 0.8 mol·L^{-1} 的盐酸 V_1 ml,根据上式有:

$$0.8 \text{ mol} \cdot \text{L}^{-1} \times V_1 \text{ ml} = 0.1 \text{ mol} \cdot \text{L}^{-1} \times 100 \text{ ml}$$

$$V_1 = \frac{0.1 \text{ mol} \cdot \text{L}^{-1} \times 100 \text{ ml}}{0.8 \text{ mol} \cdot \text{L}^{-1}} = 12.5 \text{ ml}$$

配制方法为:用量筒量取 12.5 ml 0.8 mol·L^{-1} 的盐酸,加蒸馏水到稀释到为 100 ml 即可。

三、溶液的混合

　　在一定量的浓溶液中加入一定量同溶质稀溶液得到所需组成溶液的操作称为溶液的混

合。溶液混合的计算依据是:混合前后溶质的总量不变。

设浓溶液的浓度为 c_1,所用体积为 V_1;稀溶液的浓度为 c_2,所用体积为 V_2;混合溶液浓度为 c,总体积为 V,则:

$$c_1V_1 + c_2V_2 = cV$$

注意:以上公式使用时应使等式两边的单位一致。式中 $V = V_1 + V_2$(忽略了混合后的体积改变)。

【案例 3-14】 某患者需用 $1.8\ \text{mol} \cdot \text{L}^{-1}$ 的 NaCl 溶液 500 ml,问应取 $3.0\ \text{mol} \cdot \text{L}^{-1}$ 和 $1.0\ \text{mol} \cdot \text{L}^{-1}$ 两种 NaCl 溶液各多少毫升? 如何配制?

解:设应取 $3.0\ \text{mol} \cdot \text{L}^{-1}$ NaCl 溶液 V_1 ml, $1.0\ \text{mol} \cdot \text{L}^{-1}$ NaCl 溶液 V_2 ml,则:

$$\begin{cases} 3.0V_1 + 1.0V_2 = 1.8 \times 500 \\ V_1 + V_2 = 500 \end{cases}$$

两式联立求解得:$V_1 = 200.0$ ml, $V_2 = 300.0$ ml。

配制时取 $3.0\ \text{mol} \cdot \text{L}^{-1}$ 的 NaCl 溶液 200.0 ml 和 $1.0\ \text{mol} \cdot \text{L}^{-1}$ 的 NaCl 溶液 300.0 ml 混匀即可。

小 结

1. 溶液浓度表示方法

名 称	表 示	定 义	值的表示方法
物质的量浓度	c_B	物质的量 n 除以溶液的体积	$\text{mol} \cdot \text{L}^{-1}$ 和 $\text{mmol} \cdot \text{L}^{-1}$
质量浓度	ρ_B	物质 B 的质量除以溶液的体积	$\text{g} \cdot \text{L}^{-1}$, $\text{mg} \cdot \text{L}^{-1}$ 或 $\mu\text{g} \cdot \text{L}^{-1}$
质量分数	w_B	物质 B 的质量除以溶液的质量	小数或百分数
体积分数	φ_B	物质 B 与混合物的体积比(相同温度、压强)	小数或百分数
摩尔分数	x_B	物质 B 的物质的量与混合物物质的量比值	小数或百分数
质量摩尔浓度	b_B	溶质 B 的物质的量除以溶剂的质量	$\text{mol} \cdot \text{kg}^{-1}$

2. 溶液浓度的换算

溶液浓度的换算	公 式
物质的量浓度与质量浓度的换算	$\rho_B = c_B M_B$ $c_B = \dfrac{\rho_B}{M_B}$
物质的量浓度与质量分数的换算	$w_B = \dfrac{c_B M_B}{\rho}$ $c_B = \dfrac{w_B \rho}{M_B}$

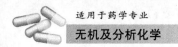

3. 溶液的稀释与混合

溶液的稀释	$c_1V_1 = c_2V_2$
溶液的混合	$c_1V_1 + c_2V_2 = cV$

习 题

一、选择题

1. 将下列物质分别加入到水中,充分搅拌后,得到溶液的是

A．牛奶   B．泥沙   C．豆浆   D．氯化钾   E．植物油

2. 质量分数为 10% 的食盐溶液 100 g,其溶质 NaCl 的质量为

A．10 g   B．20 g   C．30 g   D．40 g   E．50 g

3. 质量分数为 10% 的食盐溶液 100 g,要使其溶质的质量分数达到 5%,可采用的方法是

A．蒸掉 50 g 水   B．蒸发掉 20 g 水   C．加入 5 g 氯化钠

D．加入 10 g 氯化钠   E．加入 100 g 水

4. 生理盐水的质量分数为 0.9%,则 100 g 生理盐水中氯化钠质量约为

A．0.9 g   B．9 g   C．0.09 g   D．0.009 g   E．0.01 g

5. 配制 $0.1\ mol \cdot L^{-1}$ 的 NaOH 溶液 1 L,需加入的 NaOH 为

A．4 g   B．40 g   C．400 g   D．0.4 g   E．0.04 g

6. 下列液体不属于溶液的是

A．二氧化硫通入水中   B．生理盐水   C．碘酒

D．纯净的冰放入水中   E．NaOH 投入水中

7. 配制 $0.1\ mol \cdot L^{-1}$ 的 NaOH 溶液 1 L,所用的仪器是

A．托盘天平、称量纸、烧杯、药匙、玻璃棒、500 ml 量筒

B．药匙、玻璃棒、烧杯、分液漏斗

C．移液管、托盘天平、烧杯、玻璃棒、药匙

D．蒸发皿、托盘天平、漏斗、烧杯、玻璃棒

E．托盘天平、称量纸、烧杯、药匙、玻璃棒、1 000 ml 量筒

8. 将 $0.1\ mol \cdot L^{-1}$ 的 NaOH 溶液 100 ml 稀释至 1 L,所用的仪器是

A．托盘天平、称量纸、烧杯、药匙、玻璃棒、500 ml 量筒

B．1 000 ml 烧杯、玻璃棒、1 000 ml 量筒、500 ml 量筒

C．移液管、托盘天平、烧杯、玻璃棒、药匙

D．蒸发皿、托盘天平、漏斗、烧杯、玻璃棒

E．托盘天平、称量纸、烧杯、药匙、玻璃棒、1 000 ml 量筒

9. 将 $0.1\ mol \cdot L^{-1}$ 的 NaOH 溶液 100 ml 与 $0.01\ mol \cdot L^{-1}$ 的 NaOH 溶液 500 ml 混合,所用的仪器是

A．托盘天平、称量纸、烧杯、药匙、玻璃棒、500 ml 量筒

B．烧杯、玻璃棒、100 ml 量筒、500 ml 量筒

C．移液管、托盘天平、烧杯、玻璃棒、药匙

D．蒸发皿、托盘天平、漏斗、烧杯、玻璃棒

E．托盘天平、称量纸、烧杯、药匙、玻璃棒、1 000 ml 量筒

10. 生理盐水的质量分数为 0.9%,把 100 g 生理盐水稀释至 200 g,则稀释后溶液中含 NaCl 的质量为
　　A．0.09 g　　　　B．0.45 g　　　　C．0.9 g　　　　D．9 g　　　　E．1.8 g

11. 从 100 ml 质量分数为 0.9% 的生理盐水中取出 50 ml,则剩余的生理盐水中溶质的质量分数为
　　A．1.8%　　　　B．0.9%　　　　C．0.45%　　　　D．1%　　　　E．9%

12. 将 10.0 g NaCl 溶于 90.0 g 水中,测此溶液密度为 1.07 g·ml^{-1},求此溶液的质量分数
　　A．10%　　　　　　　　　B．1%　　　　　　　　　C．1.81 mol·L^{-1}
　　D．107.1 g·L^{-1}　　　　　　E．10.1 g·L^{-1}

13. 将 25.0 g NaOH 溶于水中,配成 500 ml 溶液,此溶液的质量浓度
　　A．0.025 g·L^{-1}　　B．0.05 g·L^{-1}　　C．25 g·L^{-1}　　D．50 g·L^{-1}　　E．10.1 g·L^{-1}

二、计算题

1. 将 1 000 g 20% 的氯化钾溶液稀释成 5% 的氯化钾溶液,需加水多少克?

2. 1 L 生理盐水(即 NaCl 注射液)中含 NaCl 9.0 g,则生理盐水的质量浓度是多少?

3. 生理盐水的规格为 1 L 中含 NaCl 9.0 g。求 NaCl 注射液的物质的量浓度。

4. 实验室配制 1 000 ml 质量分数为 0.9% 的生理盐水,需氯化钠及水各多少克?

5. 配制 100 毫升溶质的质量分数为 10% 的稀硫酸,需要溶质的质量分数为 98% 的浓硫酸多少毫升?

6. 配制 1 mol·L^{-1} H$_2$SO$_4$ 溶液 500 ml,需市售浓 H$_2$SO$_4$(密度 1.84 kg·L^{-1},98%)多少毫升?

7. 传染科需要配制 75% 的消毒酒精 2 000 ml,现有酒精浓度为 95%,问需 95% 酒精多少毫升?

8. 把的质量分数为 1% 的 NaOH 溶液 500 克,蒸发浓缩到 100 克,此时溶液中 NaOH 的质量分数是多少?

第四章
化学反应速率与化学平衡

无·机·及·分·析·化·学

学习目标

1. 掌握化学反应速率、化学平衡的基本概念、表示方法。
2. 熟悉影响化学平衡的影响因素。
3. 掌握化学平衡相关计算方法。

知识链接

化学反应速率、化学平衡与药物分析

基于化学反应的滴定分析方法是药物分析中测定药物主要药理学成分及相关物质含量的常用方法。

滴定分析要求相关的化学反应速度要快,最好瞬间完成,因此,并非所有的化学反应都适用于滴定分析。通过对不同化学反应反应速率的分析有利于在进行药物分析时找到适合于滴定分析的化学反应。

滴定分析方法是建立在相关化学反应基础上的,其中药物分析中常用的滴定分析方法(主要包括酸碱滴定、配位滴定、氧化还原滴定和沉淀滴定)其滴定反应多建立在相应的反应平衡(酸碱平衡、配位平衡、氧化还原平衡和沉淀-溶解平衡)的基础上,对化学平衡的研究及分析有利于在药物滴定分析中找到更合理的滴定分析方法(如滴定剂、指示剂、催化剂的选择;温度的控制等),以提高滴定分析的准确度及精密度。

化学反应速率和化学平衡是研究化学反应进行快慢和完全程度的。本章在介绍化学反应速率、影响反应速率的因素的基础上,讨论化学平衡、影响化学平衡的因素及平衡的移动。

第一节 化学反应速率

一、化学反应速率的概念及表示方法

化学反应速率用于描述化学反应进行的快慢,通常以单位时间内任何一种反应物或生成物浓度变化的正值来表示。化学反应速率可分为平均反应速率和瞬时反应速率。

1. 平均反应速率 平均反应速率是指某一段时间内反应的平均速率。反应式如下:

$$aA + bB \longrightarrow dD + eE$$

以反应物 A 计算平均反应速率:

$$\bar{v}(A) = -\frac{\Delta c(A)}{\Delta t}$$

以生成物 D 计算平均反应速率:

$$\bar{v}(D) = \frac{\Delta c(D)}{\Delta t}$$

式中:v 为平均反应速率,$mol \cdot L^{-1} \cdot s^{-1}$;$\Delta c$ 为反应物或生成物浓度的变化,$mol \cdot L^{-1}$;Δt 为反应时间,s。

以反应物计算化学反应速率时,因反应物浓度随时间的变化不断减少,为了使反应速率为正值,在表达式中应加负号;以生成物计算化学反应速率时,生成物越来越多,计算结果为正值。

【案例 4-1】 一定条件下某一恒容容器中合成 NH_3 反应,各物质浓度变化如下:

$$N_2(g) + 3H_2(g) \rightleftharpoons 2NH_3(g)$$

起始浓度$[mol \cdot L^{-1}]$ 1.0   3.0   0

第 2 秒末浓度$[mol \cdot L^{-1}]$ 0.8   2.4   0.4

解:以不同物质浓度变化表示的平均速率为:

$$v_{N_2} = -\frac{(0.8-1.0)mol \cdot L^{-1}}{2\ s} = 0.6\ mol \cdot L^{-1} \cdot s^{-1}$$

$$v_{H_2} = -\frac{(2.4-3.0)mol \cdot L^{-1}}{2\ s} = 0.3\ mol \cdot L^{-1} \cdot s^{-1}$$

$$v_{NH_3} = \frac{(0.4-0)mol \cdot L^{-1}}{2\ s} = 0.2\ mol \cdot L^{-1} \cdot s^{-1}$$

可见:以反应物 N_2,H_2 和生成物 NH_3 的浓度变化的大小来表示的反应速率之间的关系为:

$$v_{H_2} : v_{H_2} : v_{NH_3} = 1 : 3 : 2$$
$$v_{N_2} = 1/3\, v_{H_2} = 1/2\, v_{NH_3}$$

即对于同一反应,以不同物质的浓度的变化所表示的反应速率的比值恰好等于反应方程式中各物质的计量系数之比,公式如下:

$$aA + bB \longrightarrow dD + eE$$

$$\overline{v}(A) : \overline{v}(B) : \overline{v}(D) : \overline{v}(E) = a : b : d : e$$

2. 瞬时反应速率 瞬时反应速率是指某一时刻的实际化学反应速率。平均反应速率描述了在某一时间间隔内的平均速率,当平均速率中反应时间间隔即 Δt 无限趋近于 0 时,其平均速率的极限值就是在某一反应时刻的瞬时速率。

二、化学反应速率理论

化学反应速率的理论主要包括碰撞理论和过渡状态理论。

1. 碰撞理论 碰撞理论认为碰撞是化学反应发生的先决条件,即反应物分子间必须相互碰撞才能发生反应,而碰撞频率的大小决定反应频率的大小。但实际上大量碰撞中只有少数碰撞才能诱导反应发生,这种能导致发生反应的碰撞称为有效碰撞。能发生有效碰撞的分子称为活化分子,其必须有足够大的能量以克服分子接近时电子云和原子核之间的排斥力才能发生碰撞。一定温度条件下,体系内活化分子数目越多,有效碰撞就越多,反应速度也就越大。

活化分子比普通分子具有更高的能量,普通分子只有吸收了相应的能量才能转化为活化分子,发生有效碰撞。活化分子的平均能量(E^*)与反应物分子的平均能量(E)之差称为反应的活化能(E_a)。活化能越小,普通分子转化为活化分子所需的能量就越低,体系内的活化分子就越多,反应速率就越大;反之,反应速率就越小。通常,活化能小于 $42\ \text{kJ} \cdot \text{mol}^{-1}$ 的反应,反应速率很大,可瞬间完成,如酸碱中和等。活化能大于 $420\ \text{kJ} \cdot \text{mol}^{-1}$ 的反应,反应速率则很小。

2. 过渡状态理论 1935 年,埃文斯和波拉尼等在碰撞理论基础上进一步提出了化学反应速率的过渡状态理论。过渡状态理论认为化学反应的完成,即反应物到生成物的转化,需要经过一个高能的中间过渡状态,即形成中间状态的"活化配合物"(图 4-1)。例如:

$$NO_2 + CO \longrightarrow O-N\cdots O\cdots C-O \longrightarrow NO + CO_2$$

反应物　　　　　活化配合物　　　　　生成物

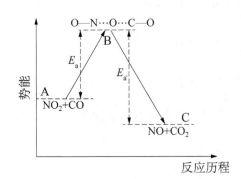

图 4-1　反应历程(势能图)

活化配合物 $O-N\cdots O\cdots C-O$ 具有较高势能,极不稳定,很快分解为生成物 NO 和 CO_2,也能分解为原来的反应物 NO_2 与 CO。过渡状态理论中,活化配合物的平均能量 E_B 与反应物平均能量 E_A 之差称为活化能 E_a。反应物 NO_2 与 CO 要转化为活化配合物 $O-N\cdots O\cdots C-O$ 需要克服活化能 E_a 的能量障碍,因此反应的活化能越大,活化配合物的能峰越高,能翻越该能峰的反应物分子百分数越少,反应速率越慢;反之,反应的活化能越小,活化配合物的能峰越低,能翻越该能峰的反应物分子百分数越多,反应速率越快。

三、影响化学反应速率的因素

化学反应速率首先取决于反应物的组成、结构和性质等内在因素,但外界条件,如浓度、温度、催化剂和压强等也会对化学反应的速率产生影响。另外,溶剂、光、紫外线、超声波、电磁波、激光、反应物颗粒的大小、扩散速率等因素在一定条件下也能影响化学反应的反应速率。本部分重点讨论浓度、温度、催化剂对化学反应的影响。

1. **浓度对化学反应速率的影响**　研究发现,当其他条件不变时,增大反应物的浓度,会增大反应速率;减小反应物的浓度,会减小反应速率。这是由于浓度增大时,单位体积内的活化分子数目增多,增加了有效碰撞的次数,从而增大了反应速率。对于气体参与的反应,压强会影响反应速率。一定温度下,压强增大,反应物浓度增高,反应速率增加;反之,反应速率减小。

如单质硫在纯氧中的燃烧比在空气中的燃烧要快得多,就是因为纯氧中氧气的浓度较空气中氧气浓度高得多。

2. **温度对化学反应速率的影响**　温度是影响化学反应速率的重要因素。一般情况下,升高温度可以增大反应速率;降低温度可以减小反应速率。温度对化学反应速率的影响主要是因为温度升高能使普通分子吸收能量后转化为活化分子,增加活化分子的数目;同时,温度升高也可使反应物分子的运动速度加快,增加了反应物分子在单位时间单位体积内的有效碰撞次数。

知识链接

范特荷甫(Van't Hoff)研究各种反应速率与温度的关系,总结出一个近似规律:大多数反应,温度每升高 10℃左右,反应速率增加到原来的 2~4 倍。一般吸热反应的速率增加倍数多些,放热反应的速率增加的倍数少些。

3. **催化剂对化学反应速率的影响**　催化剂是一种能显著改变反应速率,而其本身的组成、质量和化学性质在反应前后都保持不变的物质。能提高反应速率的催化剂叫做正催化剂,简称为催化剂,如合成氨生产中的铁催化剂;能减慢反应速率的催化剂叫做负催化剂或抑制剂,如防止塑料、橡胶老化的防老剂。

催化剂改变化学反应速率的原因主要是因为催化剂在反应过程中与反应物生成一种不稳定的中间活化配合物,从而改变了反应途径,降低反应的活化能,大大增加了活化分子百分数,致使反应速率大幅度塈高。

知识链接

催化剂具有选择性。一种催化剂往往只能对某些特定反应起催化作用。不同的

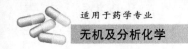

反应要选择不同的催化剂。例如，SO_2 氧化成 SO_3 用 V_2O_5 作催化剂；H_2、N_2 合成 NH_3 用 Fe 作催化剂。

　　酶是生命体内的天然催化剂，能催化包括糖、蛋白质、脂肪的合成与分解等复杂的生命体内活动，并具有选择性及高效性。如乳酸脱氢酶只对(一)乳酸脱氢生成丙酮有催化作用；蔗糖放置几年，甚至更长时间都不易氧化，但在酶的催化下，几小时就能完成氧化。

第二节　化 学 平 衡

化学平衡研究的是化学反应进行的程度。

一、可逆反应与化学平衡

(一) 可逆反应与不可逆反应

不可逆反应是指在化学反应中只能朝一个方向单向进行的反应。例如，NaOH 和 HCl 反应完全转变为 NaCl 和 H_2O，但 NaCl 和 H_2O 不能转回为 NaOH 和 HCl：

$$HCl + NaOH \rightleftharpoons NaCl + H_2O$$

可逆反应是指在同一条件下既能向正反应方向进行又可以向逆反应方向进行的反应。例如，氮气和氢气化合生成氨气的反应就是可逆反应。在一定条件下，N_2 与 H_2 合成 NH_3 的同时，NH_3 又可分解为 N_2 和 H_2：

$$N_2(g) + 3H_2(g) \rightleftharpoons 2NH_3(g)$$

(二) 化学平衡

在一定条件下，可逆反应的正反应速率等于逆反应速率，反应物和生成物的浓度不再随时间而改变的状态，称为化学平衡。例如，将氮气和氢气按一定的比例放入密闭容器中以合成氨。反应刚开始时，容器中只有 H_2 和 N_2，只存在正反应。随着反应的不断进行，N_2 和 H_2 不断消耗，正反应速率逐渐减小，同时生成物 NH_3 的浓度逐渐增大，逆反应速率逐渐增大。当反应进行到一定程度时，N_2 和 H_2 合成 NH_3 的速率等于 NH_3 的分解速率，即正反应速率等于逆反应速率，这时单位时间内，正反应减少的 H_2 和 N_2 分子数恰好等于逆反应生成的 H_2 和 N_2 分子数，容器中反应物 N_2，H_2 及生成物 NH_3 的浓度已不再变化。这种化学反应虽然没有停止，但各反应物和生成物的浓度均不再随时间而变化的可逆反应所处的特定状态，称为化学平衡状态。化学平衡的主要特征为：①化学平衡是一种动态平衡；②正、逆反应仍在进行且正反应速率等于逆反应速率；③各反应物和生成物浓度保持恒定；④化学平衡是在一定条件下存在的暂时平衡，条件一旦改变，化学平衡即被破坏。

二、化学平衡常数

（一）经验平衡常数

在一定温度下，当可逆反应达到平衡时，生成物浓度计量系数幂次方的乘积与反应物浓度计量系数幂次方的乘积之比为常数，称为该反应的化学平衡常数，简称平衡常数。公式如下：

$$任一可逆反应：aA + bB \rightleftharpoons dD + eE$$

$$K_c = \frac{[D]^d [E]^e}{[A]^a [B]^b}$$

式中：K_c 称为浓度平衡常数；$[A]$，$[B]$，$[D]$，$[E]$ 分别表示各物质的平衡浓度。

对于气相反应，在恒温恒压条件下，由于气体的分压与其浓度成正比，因此在平衡常数表达式中各物质的平衡浓度可用平衡时各气体的平衡分压代替，称为压力平衡常数，用符号 K_p 表示：

$$K_p = \frac{p_D{}^d p_E{}^e}{p_A{}^a p_B{}^b}$$

1. 平衡常数的意义

（1）平衡常数是可逆反应的特征常数，它的大小表明了一定条件下可逆反应进行的程度。K 越大，反应向正反应方向进行的越完全；K 越小，反应向逆反应方向进行的越完全。

（2）平衡常数的大小与温度有关，同一反应，温度不同，平衡常数大小也不同。

2. 平衡常数的书写规则

（1）表达式中的浓度或分压都指平衡浓度或分压。

（2）固态或纯液态反应物的浓度视为常数，不写入平衡常数表达式中。在水溶液中的反应，水的浓度不写入平衡常数的表达式中。例如：

$$NH_3 + H_2O \rightleftharpoons NH_4^+ + OH^-$$

$$K_c = \frac{[NH_4^+] \cdot [OH^-]}{[NH_3]}$$

（3）平衡常数表达式必须与反应方程式相对应，反应式写法不同，平衡常数表达式也不同，平衡常数值也不同。例如：

$$2CO(g) + O_2(g) \rightleftharpoons 2CO_2(g) \qquad K_p = \frac{p_{CO_2}^2}{p_{CO}^2 p_{O_2}}$$

$$CO(g) + \frac{1}{2}O_2(g) \rightleftharpoons CO_2(g) \qquad K_p = \frac{p_{CO_2}}{p_{CO} p_{O_2}^{\frac{1}{2}}}$$

（4）正逆反应的平衡常数值互为倒数。

（二）标准平衡常数

将平衡常数表达式中浓度或分压分别除以浓度或分压的标准态，所得到的平衡常数称

为标准平衡常数,用符号 K^{θ} 表示:

$$\text{对溶液反应:} aA + bB \Longrightarrow dD + eE$$

$$\text{平衡时:} K^{\theta} = \frac{\left(\frac{[D]}{c^{\theta}}\right)^d \left(\frac{[E]}{c^{\theta}}\right)^e}{\left(\frac{[A]}{c^{\theta}}\right)^a \left(\frac{[B]}{c^{\theta}}\right)^b}$$

$$\text{对气相反应:} aA(g) + bB(g) \Longrightarrow dD(g) + eE(g)$$

$$K^{\theta} = \frac{\left(\frac{p_D}{p^{\theta}}\right)^d \left(\frac{p_E}{p^{\theta}}\right)^e}{\left(\frac{p_A}{p^{\theta}}\right)^a \left(\frac{p_B}{p^{\theta}}\right)^b}$$

式中:c^{θ} 称为标准浓度;$c^{\theta} = 1.0 \text{ mol} \cdot \text{L}^{-1}$;$p^{\theta}$ 称为标准压力,$p^{\theta} = 100 \text{ kPa}$。

(三) 有关计算

1. 平衡转化率的计算　平衡转化率简称为转化率,是指某反应达到平衡时,反应物的转化量占反应物起始量的百分数,用 α 来表示:

$$\alpha = \frac{\text{其反应物已转化的量}}{\text{某反应物转化前的总量}} \times 100\%$$

若反应前后体积不变,反应物的量可用浓度来表示:

$$\alpha = \frac{\text{反应物起始浓度} - \text{反应物平衡浓度}}{\text{反应物起始浓度}} \times 100\%$$

【案例 4-2】 $AgNO_3$ 和 $Fe(NO_3)_2$ 溶液会发生下列反应:

$$Fe^{2+} + Ag^+ \Longrightarrow Fe^{3+} + Ag$$

在 25℃时,将 $AgNO_3$ 和 $Fe(NO_3)_2$ 溶液混合,开始时溶液中 Ag^+ 和 Fe^{2+} 离子浓度各为 $0.100 \text{ mol} \cdot \text{L}^{-1}$,若已知反应到达平衡时 Fe^3 的浓度为 $0.038 \text{ mol} \cdot \text{L}^{-1}$。求:

(1) 反应中 Fe^{2+},Ag^+ 的平衡浓度;

(2) Ag^+ 的转化率。

解:(1) 计算 Ag^+ 和 Fe^{2+} 的平衡浓度:设反应过程中参与反应的 Ag^+ 浓度为 $x \text{ mol} \cdot \text{L}^{-1}$,在 25℃时:

	Fe^{2+}	$+$	Ag^+	$\Longrightarrow$	Fe^{3+}	$+$	Ag
起始浓度	0.100		0.100		0		
反应浓度	x		x		x		
平衡浓度	$0.100-x$		$0.100-x$		x		

因已知反应到达平衡时 Fe^3 的浓度为 $0.038 \text{ mol} \cdot \text{L}^{-1}$,即 $x = 0.038 \text{ mol} \cdot \text{L}^{-1}$,则反应到达平衡时,离子的平衡浓度为:

$$[Fe^{2+}] = [Ag^+] = 0.100 - x = 0.062 \text{ mol} \cdot \text{L}^{-1}$$

(2) Ag^+ 的转化率:

$$\alpha = \frac{0.038}{0.100} \times 100\% = 38\%$$

2. 平衡浓度及平衡常数的计算

【案例 4-3】 $AgNO_3$ 和 $Fe(NO_3)_2$ 溶液会发生下列反应：

$$Fe^{2+} + Ag^+ \Longrightarrow Fe^{3+} + Ag$$

在 25℃时，将 $AgNO_3$ 和 $Fe(NO_3)_2$ 溶液混合，开始时溶液中 Ag^+ 和 Fe^{2+} 离子浓度各为 $0.100\ mol \cdot L^{-1}$，达到平衡时 Ag^+ 的转化率为 19.4%。求：

(1) 平衡时 Fe^{2+}，Ag^+ 和 Fe^{3+} 各离子的浓度；

(2) 该温度下的平衡常数 K^θ。

解：(1) Fe^{2+} $+$ Ag^+ $\Longrightarrow$ Fe^{3+} $+$ Ag

起始浓度   0.100   0.100   0

反应浓度   0.100×19.4%   0.019 4   0.019 4
                =0.019 4

平衡浓度   0.1−0.019 4   0.1−0.019 4   0.019 4
                =0.080 6   =0.080 6

即平衡时 $[Fe^{2+}] = [Ag^+] = 0.080\ 6\ mol \cdot L^{-1}$

$$[Fe^{3+}] = 0.019\ 4\ mol \cdot L^{-1}$$

(2) 该温度下的平衡常数 K^θ：

$$K^\theta = \frac{c_{Fe}^{3+}/c^\theta}{(c_{Fe}^{2+}/c^\theta)(c_{Ag}^+/c^\theta)} = \frac{0.019\ 4}{(0.080\ 6)^2} = 2.99$$

三、化学平衡的移动

化学平衡只是在一定条件下保持的相对的、暂时的平衡状态。当反应条件(浓度、温度、压强等)发生改变，化学平衡就会被破坏，可逆反应就从暂时的平衡变为不平衡，反应体系中反应物和生成物的浓度发生变化，直至在新的条件下又达到新的平衡状态。这种因条件改变导致可逆反应从一种平衡状态向另一种平衡状态转变的过程，叫做化学平衡的移动。在新的平衡状态下，如果生成物的浓度比原来平衡时的浓度大了，就称平衡向正反应的方向移动(即向右移动)；如果反应物的浓度比原来平衡时的浓度大了，就称平衡向逆反应方向移动(即向左移动)。

影响化学平衡移动的因素主要有浓度、温度、压强等。

1. 浓度对化学平衡的影响   在一定温度下进行的可逆反应如下：

$$aA + bB \Longrightarrow dD + eE$$

在任意条件下(包括平衡态和非平衡态)，将其各组分的浓度(或分压)按平衡常数表达式列成分式，即得反应商 Q。若为溶液中进行的反应：

$$Q = \frac{(c_D/c^\theta)^d (c_E/c^\theta)^e}{(c_A/c^\theta)^a (c_B/c^\theta)^d}$$

将 Q 与 K_c 进行比较,可以得到判断反应进行方向的判据:若 $Q = K_c$ 时,反应体系中各项的浓度等于平衡浓度,系统处于平衡状态;如向体系中加入反应物,导致 Q 减小,$Q < K_c$,平衡被破坏,反应将正向进行移动,直至到达一个新的平衡且新平衡状态下的 $Q = K_c$;如向体系中加入生成物,导致 Q 增大,$Q > K_c$,平衡被破坏,反应将逆向进行移动,直至到一个达新的平衡且新平衡状态下的 $Q = K_c$。

浓度对化学平衡的影响可以概括为:在其他条件不变时,增大反应物的浓度或减小生成物的浓度,平衡向正反应方向移动(即平衡向右移动);增大生成物的浓度或减小反应物的浓度,平衡向逆反应方向移动(即平衡向左移动)。

2. **压力对化学平衡的影响** 在一定温度下进行的可逆反应如下:

$$a A + b B \rightleftharpoons d D + e E$$

对于有气体物质参与的反应,压力的变化可能会对化学平衡移动产生影响,平衡是否发生移动及移动的方向与反应物气体分子与产物气体分子计量系数之差有关:①如果反应物气体分子与产物气体分子计量系数相等,即 $a + b = d + e$,压力对化学平衡移动不产生影响,平衡不发生移动。②如果反应物气体分子与产物气体分子计量系数不相等,即 $a + b \neq d + e$,增大压强时,平衡向气体分子数减少的方向移动;反之,减小压强,平衡向气体分子数增加的方向移动。

3. **温度对化学平衡的影响** 化学反应过程中常伴随着放热或吸热的发生。热量变化通常写在化学方程式右端,用"Q"表示。放出热量的反应即放热反应,用"$+$"表示;吸收热量的反应称为吸热反应,用"$-$"示。对于可逆反应,如果正反应是放热反应,逆反应就一定是吸热反应;如果正反应是吸热反应,那么逆反应一定是放热反应,而且,放出的热量和吸收的热量相等。

温度对化学平衡的影响可以概括为:在其他条件不变时,升高温度,平衡向吸热反应方向移动;降低温度,平衡向放热反应方向移动。

4. **催化剂对化学平衡的影响** 适当的催化剂可以降低反应的活化能,提高了体系中活化分子的比例,增加有效碰撞的机会,从而加快反应的速率,缩短反应达平衡的时间。但催化剂能同等程度加快正、逆反应速率,因此平衡不会发生移动,只能缩短达到平衡的时间(图 4 - 2)。

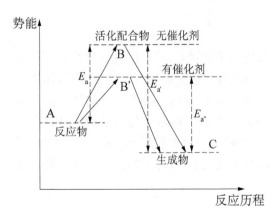

图 4 - 2 催化剂对活化能的影响

小　结

影响化学反应速率的因素	浓度	增大反应物的浓度,增大反应速率 减小反应物的浓度,减小反应速率
	温度	升高温度,可以增大反应速率 降低温度,可以减小反应速率
	催化剂	正催化、负催化
影响化学平衡的因素	浓度	增大反应物的浓度或减小生成物的浓度,平衡向右移动 增大生成物的浓度或减小反应物的浓度,平衡向左移动
	压力	增大压强时,平衡向气体分子数减少的方向移动 减小压强,平衡向气体分子数增加的方向移动
	温度	升高温度,平衡向吸热反应方向移动 降低温度,平衡向放热反应方向移动
	催化剂	不影响

习　题

一、选择题

1. 当可逆反应 $a\text{A}(g) + b\text{B}(g) \rightleftharpoons e\text{E}(g)$ 达到平衡后,减小压强,B 的转化率增大,则下列关系正确的是
   A. $a+b > e$　　　B. $a+b = e$　　　C. $a+b < e$　　　D. 都不对　　　E. 无法判断

2. 可逆反应 $2\text{SO}_2(g) + \text{O}_2(g) \rightleftharpoons 2\text{SO}_3(g)$,达到平衡时,若减小压强,下列说法正确的是
   A. 正、逆反应速率都加快　　　　　B. 反应向正反应方向进行
   C. 正反应速率加快,逆反应速率减慢
   D. 对反应方向无影响　　　　　　　E. 反应向逆反应方向进行

3. 可逆反应 $2\text{SO}_2(g) + \text{O}_2(g) \rightleftharpoons 2\text{SO}_3(g) + Q$ 达到平衡时,若升高温度,下列说法正确的是
   A. 正、逆反应速率都加快　　　　　B. 正、逆反应速率都减慢
   C. 正反应速率加快,逆反应速率减慢　　　D. 正反应速率减慢,逆反应速率加快
   E. 无影响

4. 可逆反应 $2\text{SO}_2(g) + \text{O}_2(g) \rightleftharpoons 2\text{SO}_3(g) + Q$ 达到平衡时,若增大容器体积,下列说法正确的是
   A. 正、逆反应速率都加快　　　　　B. 反应向正反应方向进行
   C. 正反应速率加快,逆反应速率减慢　　　D. 对反应方向无影响
   E. 反应向逆反应方向进行

5. 在 $\text{N}_2(g) + 3\text{H}_2(g) \rightleftharpoons 2\text{NH}_3(g)$ 反应中,使用催化剂的目的是
   A. 使平衡向右移动　　　　B. 使平衡向左移动　　　　C. 改变反应的速率
   D. 提高转化率　　　　　　E. 无影响

6. 可逆反应 $\text{N}_2(g) + 3\text{H}_2(g) \rightleftharpoons 2\text{NH}_3(g)$ 在一定温度达到平衡后,N_2,H_2,NH_3 3 种物质的平衡浓度比为
   A. 1∶2∶1　　　B. 1∶1∶1　　　C. 1∶3∶2　　　D. 无法判断　　　E. 2∶1∶2

7. 可逆反应 $\text{N}_2(g) + 3\text{H}_2(g) \rightleftharpoons 2\text{NH}_3(g)$ 到达平衡时,下列说反正确的是

A．化学反应已停止　　　　　　　B．各物质浓度相等

C．条件不变,各物质浓度不再改变　　D．各物质的物质的量相等

E．反应速率为 0

8. 某可逆反应在一定条件下达到平衡后,其一反应物的转化率为 25%,其他条件不变,加入催化剂,则该物质的转化率为

A．大于 25%　　　B．等于 25%　　　C．小于 25%　　　D．0　　　E．无法判断

9. 某可逆反应 $A(g) + B(g) \rightleftharpoons C(g)$ 在一定条件下密闭容器中建立平衡,如果保持温度不变,将体积为增大为原来的 1 倍,则平衡常数为原来的

A．2 倍　　　B．4 倍　　　C．8 倍　　　D．16 倍　　　E．不变

10. 影响化学平衡常数的因素有

A．催化剂　　　B．反应物的浓度　　　C．总浓度　　　D．温度　　　E．都不影响

11. 可逆反应 $C(s) + H_2O(g) \rightleftharpoons CO(g) + H_2(g)$,下列说法正确的是

A．加入催化剂可以减小正反应速度　　B．由于反应前后分子数相等,压力对平衡没有影响

C．加入催化剂可以增加生成物的浓度　　D．加入催化剂可加快反应达到平衡的时间

E．加入催化剂无任何变化

12. 若反应 $\frac{1}{2}N_2(g) + \frac{3}{2}H_2(g) \rightleftharpoons NH_3(g)$ 在某温度下的标准平衡常数为 2,那么在该温度下氨合成反应 $N_2 + 3H_2 \rightleftharpoons 2NH_3$ 的标准平衡常数是

A．4　　　B．2　　　C．1　　　D．0.5　　　E．0.25

13. 下面哪一种因素改变,能使任何反应平衡时产物的产量增加

A．升高温度　　　B．增加压力　　　C．加入催化剂　　　D．增加起始物　　　E．增加生成物

14. 在一定温度和压力下,一个反应体系达到平衡时的条件是

A．正、逆反应速度停止　　　　　B．正、逆反应速度相等

C．正反应速度减慢,逆反应速度加快　　D．反应物全部转化成产物

E．无条件

15. 在 2 L 的溶液中含 4.0 mol 某反应物,经过 2 s 后,还剩下 2.0 mol,则该以反应物表示的反应速率是

A．4.0 mol·L^{-1}·S^{-1}　　　B．2.0 mol·L^{-1}·S^{-1}　　　C．3.0 mol·L^{-1}·S^{-1}

D．1.0 mol·L^{-1}·S^{-1}　　　E．0.5 mol·L^{-1}·S^{-1}

16. 升高温度能加快反应速率的原因是

A．加快了分了运动速率,增加分子碰撞的机会

B．降低反应的活化能　　　　　C．增大活化分子百分数

D．增加反应的活化能　　　　　E．以上说法都对

二、计算题

1. 已知反应 $FeO(s) + CO(g) \rightleftharpoons Fe(s) + CO_2(g)$ 在某温度时 $K_c = 2$。如起始浓度 $[CO] = 1\ mol·L^{-1}$,求:

(1) 平衡时反应物、生成物的平衡浓度各是多少?

(2) CO 的转化率是多少?

2. 反应 $NO_2(g) + CO(g) \rightleftharpoons NO(g) + CO_2(g)$ 在某温度时的平衡常数为 1,则:

(1) 若 NO_2 和 CO 起始浓度均为 2 mol·L^{-1},求平衡时各物质的浓度。

(2) 在上述平衡状态的基础上,保持其他条件不变,使 CO 的浓度增大到 10 mol·L^{-1},求 NO_2 的平衡转化率。

第五章
定量分析的误差及有效数字

无·机·及·分·析·化·学

学习目标

1. 掌握定量分析中误差的表示及计算方法。
2. 掌握误差的来源及减免方法。
3. 掌握定量分析中有效数字的计算方法。

知识链接

　　定量分析的任务是准确测定试样中待测组分的含量,因此,要求分析结果必须具有一定的准确度。但在定量分析中,由于分析方法、仪器、试剂、操作者等主、客观条件的限制,使得测定结果和真实值不可能完全一致。即使是技术熟练的分析工作者采用最可靠的分析方法和最精密的仪器,对同一试样进行多次分析,也不可能得到完全一致的分析结果。这就说明误差是客观存在的。因此,在定量分析中,在对试样进行准确测定的同时,还需根据分析误差的性质、特点,找出误差产生的原因和出现的规律,从而采取相应的措施来减小误差,提高分析结果的准确度。

第一节 定量分析的误差

一、误差的来源及分类

　　根据误差的性质可将误差分为系统误差和偶然误差。

(一) 系统误差

　　系统误差又称为可定误差,是由某些确定的原因引起的,其具有确定性、定向性、重复性和可测性的特点,可使测定结果系统性地偏高或偏低,在分析测定中可加以校正或消除。

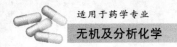
根据系统误差产生原因可将系统误差分为方法误差、仪器误差、试剂误差及操作误差。

1. **方法误差**　由于分析方法本身不完善有缺陷所造成的误差。例如,酸碱滴定中滴定终点与化学计量点不一致、配位滴定中副反应的发生、沉淀滴定中沉淀吸附杂质等。

2. **仪器误差**　由于仪器本身不精准引起的误差。例如,天平称量用砝码不够准确、移液管未经校正等。

3. **试剂误差**　由于试剂不纯所引起的误差。例如,试剂中含有被测物质、试剂中含有能与待测物质反应的微量杂质等。

4. **操作误差**　指在正常操作情况下,由于分析工作者主观原因所引起的误差。例如,对滴定终点指示剂颜色变化的判断习惯性地偏深或偏浅;滴定管读数时习惯性地比正规读数偏大或偏小等。

(二) 偶然误差

偶然误差也称不可定误差及随机误差,是由某些难以控制的偶然因素所造成的误差。例如测量时环境温度、湿度和气压的微小波动;仪器性能的微小变化;分析人员对各份试样处理时的微小差别等。

偶然误差在分析操作中是无法避免的,但其对分析结果的影响符合一般的统计规律。当对某试样进行多次测定时会发现大误差出现的概率小,小误差出现的概率大,而绝对值相等的正负误差出现概率相等。因此,在消除系统误差的前提下,测量次数越多,测量结果的平均值越接近真实值。所以,可以通过多次测定、取平均值的方法减少偶然误差。

知识链接

误差应与操作中的失误进行区分。误差(系统误差和偶然误差)都是在正常操作情况下产生的。而操作中的失误是由于操作者在没有严格按照操作规程进行操作而造成的,如溶液溅出、加错试剂、读错数据、记录错误、计算错误等。

二、误差的表示方法

(一) 准确度与误差

准确度是指分析结果与真实值的接近程度,用误差表示。误差越小,测定值与真实值越接近,准确度越高;误差越大,测定值与真实值相差越大,准确度越低。误差有正、负之分,当误差为正值时,表示测定结果偏高,误差为负值时,表示测定结果偏低。误差可用绝对误差与相对误差来表示。

1. **绝对误差**　测定值(x_i)与真实值(μ)之差。公式如下:

$$E = x_i - \mu$$

2. **相对误差**　绝对误差与真实值的比值。相对误差因将测定结果与被测物质的量联系起来,反映绝对误差在真实值中所占的百分率,用于表示分析结果的准确度用更为确切。

公式如下：

$$RE = \frac{x_i - \mu}{\mu} \times 100\%$$

【案例 5 - 1】 称量阿司匹林原料药 A，B 的质量分别为 0.478 2 g 和 0.047 8 g，其真实值分别为 0.478 3 g 和 0.047 9 g，计算绝对误差和相对误差。

解：

A：绝对误差　$E_A = 0.478\ 2 - 0.478\ 3 = -0.000\ 1$ g

相对误差　$RE_A = \dfrac{-0.000\ 1}{0.478\ 3} \times 100\% = 0.02\%$

B：绝对误差　$E_B = 0.047\ 8 - 0.047\ 9 = -0.000\ 1$ g

相对误差　$RE_B = \dfrac{-0.000\ 1}{0.047\ 9} \times 100\% = 0.2\%$

上述结果可见，虽然两份样品称量的绝对误差相等，但 A 称量质量较大，其相对误差较小，称量的准确度较高，因此相对误差表示分析结果的准确度更为确切。

（二）精密度与偏差

精密度是指在相同条件下，同一试样多次平行测定结果之间相互符合的程度，即体现了测定结果的重复性和再现性。精密度用偏差来表示，偏差越小，精密度越高，测定结果的重复性和再现性越好；反之，精密度越低，测定结果的重复性和再现性越差。

1. 绝对偏差和相对偏差　实际分析工作中，通常真实值并不可知，一般取多次平行测定结果的算术平均值（$\bar{x}$）来表示测定结果：

$$\bar{x} = \frac{x_1 + x_2 + x_3 + \cdots\cdots + x_n}{n} = \frac{1}{n}\sum_{i=1}^{n} x_i$$

偏差可用绝对偏差和相对偏差来表示。

（1）绝对偏差：是指单次测量值和平均值之差。

$$d_i = x_i - \bar{x}$$

（2）相对偏差：是指单次测量的绝对偏差在平均值中所占的百分比。

$$Rd_i = \frac{d_i}{\bar{x}} \times 100\%$$

绝对偏差和相对偏差只能用来衡量单次测定结果对平均值的偏差。为了更好地说明测定结果的精密度，在分析工作中，还常采用平均偏差和标准偏差来表示精密度。

2. 平均偏差　平均偏差分为平均偏差及相对平均偏差。

（1）平均偏差：是指各次测定绝对偏差绝对值的平均值。公式如下：

$$\bar{d} = \frac{|\,x_1 - \bar{x}\,| + |\,x_2 - \bar{x}\,| + \cdots + |\,x_n - \bar{x}\,|}{n}$$

$$\bar{d} = \frac{1}{n}\sum_{i=1}^{n} |\,x_i - \bar{x}\,|$$

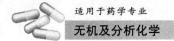
（2）相对平均偏差：是平均偏差在平均值中所占的百分率。公式如下：

$$R\overline{d} = \frac{\overline{d}}{\overline{x}} \times 100\%$$

3. 标准偏差　当多次测定数据的分散程度较大时，精密度的高低用平均偏差不能完全反映，而需用标准偏差来衡量。标准偏差又称均方根偏差，其表达式为：

$$s = \sqrt{\frac{\sum_{i=1}^{n}(x_i - \overline{x})^2}{n-1}}$$

相对标准偏差是指标准偏差占测量平均值的百分率，又称变异系效，其表达式为：

$$CV = \frac{s}{\overline{x}} \times 100\%$$

标准偏差在分析结果的表示中更常用，因为单次测定值的偏差经平方后，较大的偏差就能显著的表现出来，更能反映测定结果的精密度。

【案例 5-2】　某阿司匹林原料药中阿司匹林的含量经多次测定分别为 71.34%，71.37%，71.33%，71.36%。试计算分析结果的平均值、单次测得的平均偏差和标准偏差。

解：
$$x = \frac{71.34\% + 71.37\% + 71.33\% + 71.36\%}{4} = 71.35\%$$

$$d_1 = -0.01\% \quad d_2 = 0.02\% \quad d_3 = -0.02\% \quad d_4 = 0.01\%$$

$$\overline{d} = \frac{1}{n}\sum_{i=1}^{n}|x_i - \overline{x}| = \frac{0.01\% + 0.02\% + 0.02\% + 0.01\%}{4} = 0.015\%$$

$$s = \sqrt{\frac{\sum_{i=1}^{n}(x_i - \overline{x})^2}{n-1}} = \sqrt{\frac{0.01^2\% + 0.02^2\% + 0.02^2\% + 0.01^2\%}{4-1}} = 0.018\%$$

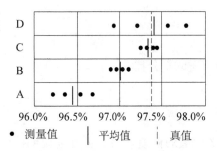

96.0%　96.5%　97.0%　97.5%　98.0%

● 测量值　│ 平均值　┊ 真值

**图 5-1　A，B，C，D 4 人分析结果的
比较**

注：●表示个别测定值；│表示平均值

（三）准确度与精密度的关系

准确度表示测定结果的正确性，精密度表示测定结果的重现性。测定结果应从准确性及重现性两方面进行衡量。以图 5-1 中 A，B，C，D 4 人测定同一阿司匹林原料药中阿司匹林的含量时所得的结果为例，说明准确度与精密度的关系。

由图 5-1 可见，A 准确度和精密度都低；B 的分析结果精密度很好，但准确度低；C 的分析结果的准确度和精密度均好，结果可靠；D 的精密度很差，数据的可信度低。

由此可见，精密度高，准确度不一定高，但精密度是保证准确度的先决条件，准确度高，一定需要精密度高。一个好的分析结果，要同时具有好的准确度和精密度。

三、误差的减免

分析过程中,要使同时具有好的准确度和精密度,需要尽量减少的系统误差和偶然误差。

(一)系统误差的减免

1. 对照试验　对照试验就是在相同的条件下,采用同样的分析方法或标准方法进行平行测定,可分为标准试样对照和标准方法对照。

(1)标准试样对照:是采用已知准确含量的标准样品代替待测试样,在相同的条件下,采用同样的分析方法进行平行测定。

(2)标准方法对照:是用可靠的分析方法(一般选用国家颁布的标准分析方法或经典分析方法)对同一试样进行对照分析。

2. 空白试验　空白试验是指在不加试样的情况下,采用试样分析同样的条件及分析方法进行测定。空白试验的检测结果称为"空白值"。分析结果计算时从试样分析结果中减去空白值,即可消除由试剂、蒸馏水、仪器或环境等带入的杂质所引起的系统误差,使测定结果接近真实值。

需注意的是空白值一般不应很大,否则应采用纯度较高的试剂或选用更适当仪器等以减小空白值。

3. 校准仪器　由于仪器出厂时都经过检验,因此,在日常的分析工作中仪器一般不必校准,但当分析结果准确度要求较高时,应对常用的仪器进行校准,以消除因仪器不准所带来的误差。通常情况下,为了减免仪器带来的误差,可在同一分析实验的多次平行测定时使用同一套仪器。

4. 严格操作　分析者个人需提高操作技术水平、严格按照操作规程进行操作,以减少由主观或习惯性操作带来的误差。

(二)偶然误差的减免

根据偶然误差的分布规律,可采用多次重复测定取平均值的方法来减小偶然误差。在定量分折中,通常要求平行测定 3～5 次。

第二节　有效数字及运算规则

一、有效数字及其运算规则

(一)有效数字的意义和位数

1. 有效数字　有效数字是指在分析测定中实际测得的数字,包括所有的准确数字和最后一位可疑数字。分析测定中记录数据时只能保留一位可疑数字。

例如,用万分之一分析天平称量阿司匹林原料药的质量为 0.335 6 g,其中 0.335 是准确的,最后 1 位 6 是可疑数字,存在±1 个单位的误差,实际质量应为 0.335 6±0.000 1 g。

2. 有效数字位数的确定　有效数字的位数是指在分析测定中实际可以测得的数字的位数。在确定有效数字位数时,数字中的"0"有两种意义:在第1个非零数字(1～9)前面的"0"起定位作用,不是有效数字;数字中间和数字后面的"0"是有效数字。

【案例5-3】

3.230 5	30.536	5 位有效数字
0.303 4	31.07%	4 位有效数字
0.033 0	3.37	3 位有效数字
0.003 3	0.33%	2 位有效数字
0.3	0.08%	1 位有效数字

注意事项:

(1) 对数:pH 等对数的有效数字只计小数点后的数字。例如,pH=12.82 小数点后是有效数字,而整数部分只代表该数的方次,因此,pH=12.82 有 2 位有效数字。

(2) 科学计数法:有效数字不计指数部分,如 1.03×10^3 有 3 位有效数字;1.0×10^{-10} 有 2 位有效数字。

(3) 常数:如遇 π 等常数,因其非测量所得,在分析计算中考虑有效数字时与此类数字无关。

(4) 第 1 位有效数字等于或大于 8 时,其有效数字位数可多算 1 位。如测定阿司匹林原料药的含量为 98.0%,计 4 位有效数字。

(二) 有效数字的修约规则

分析数据的处理中数字的修约采用"析四舍六入五留双"规则。

(1) 被修约的数字小于或等于 4 时,舍去该数字。

(2) 被修约的数字大于或等于 6 时,进 1 位。

(3) 被修约的数字等于 5 时,如 5 后的数字不为 0,进 1 位;如 5 后无数字或为 0,则看 5 前 1 位数字,前 1 位是奇数则进 1 位,是偶数舍去。

【案例5-4】　把下面的数字修约为 3 位有效数字:

0.633 5 → 0.634　　　　0.623 52 → 0.624

34.25 → 34.2　　　　34.251 → 34.3

1 325.0 → 1.32×10^3　　　1 235.0 → 1.24×10^3

注意:在有效数字的修约中不能连续修约,如将 65.355 6 修约为 3 位有效数字,应一次修约为 65.4。

(三) 有效数字的运算规则

1. 加减法规则　加减运算中,运算结果以小数点后位数最少的数为依据进行有效数字的保留。

【案例5-5】　计算:0.016 54 + 65.27 + 0.627 61 = 65.91

【案例5-6】　计算:83.00 - 0.750 0 - 1.352 1 = 80.90

2. 乘除法规则　乘除运算中,运算结果以有效数字位数最少的数为依据进行有效数字的保留。

【案例5-7】　计算:$0.013\ 31 \times 5.55 \times 1.578\ 2 = 0.117$

【案例5-8】　计算:$51.661 \div 100 \div 3.07 = 0.168$

注意事项如下。

(1) 在计算过程中,可暂时多保留 1 位有效数字。

(2) 误差或偏差取 1~2 位有效数字即可。

(3) 对于高组分含量(>10%)的测定,一般要求分析结果有 4 位有效数字;对于中组分含量(1%~10%),一般要求有 3 位有效数字;对于低组分含量(<1%),一般要求有 2 位有效数字。

二、可疑数据的取舍

在实际分析工作中,一组平行测定得到的数据往往有个别值与其他数据相差较大,该值称为可疑值。可疑值对测定的精密度和准确度有较大影响,如确定其为测定中过失造成,则可舍去。

可疑数据的取舍通常可根据 Q 值检验法、G 值检验法和 $4d$ 法进行。比较严格而又使用方便的取舍方法是 Q 值检验法。

当测定次数 n 较少($3 \leqslant n \leqslant 10$)时,可按照以下步骤检验可疑值的取舍:

(1) 将各测量值按递增的顺序排列:x_1,x_2,$x_3 \cdots x_n$。

(2) 求出最大值与最小值之差(极差)。

(3) 求出可疑值和其邻近值之差(邻差)。

(4) 按下式求出 Q 值:

$$Q_{计} = \frac{|邻差|}{极差}$$

(5) 根据测定次数 n 和要求的置信度,查表 5-1 得 $Q_{表}$。

(6) 将 $Q_{计}$ 与 $Q_{表}$ 相比,若 $Q_{计} \geqslant Q_{表}$,可疑值可疑,应舍去,否则保留。

表 5-1　舍弃可疑数据的 Q 值(置信度 90% 和 95%)

测定次数	3	4	5	6	7	8	9	10
$Q_{0.90}$	0.94	0.76	0.64	0.56	0.51	0.47	0.44	0.41
$Q_{0.95}$	0.97	0.84	0.73	0.64	0.59	0.54	0.51	0.49

【案例 5-9】 测定某阿司匹林原料药中阿司匹林的含量得到 6 个数据,按其大小顺序排列为 65.33%,71.34%,71.36%,71.37%,71.38%,71.39%。第 1 个数据可疑,判断是否应舍弃(置信度为 90%)?

解:

$$Q_{计} = \frac{|65.33\% - 71.34\%|}{71.39\% - 65.33\%} = 0.99$$

查表:$n = 6$,$Q_{表} = 0.56$,$Q_{计} \geqslant Q_{表}$,舍弃。

小　结

1. 误差

误差的分类		误差的减免方法
系统误差	方法误差	对照试验
	仪器误差	空白试验
	试剂误差	校正仪器
	操作误差	严格操作
偶然误差		增加平行测定次数

2. 误差的表示方法

误差	绝对误差	$E = x_i - \mu$
	相对误差	$RE = \dfrac{x_i - \mu}{\mu} \times 100\%$
偏差	绝对偏差	$d_i = x_i - \bar{x}$
	相对偏差	$Rd_i = \dfrac{d_i}{\bar{x}} \times 100\%$
	平均偏差	$\bar{d} = \dfrac{\sum\limits_{i=1}^{n} | x_i - \bar{x} |}{n}$
	相对平均偏差	$R_{\bar{d}} = \dfrac{\bar{d}}{\bar{x}} \times 100\%$
	标准偏差	$s = \sqrt{\dfrac{\sum\limits_{i=1}^{n} (x_i - \bar{x})^2}{n-1}}$
	相对标准偏差	$CV = \dfrac{s}{\bar{x}} \times 100\%$

习　题

一、选择题

1. 在下列情况下,引起偶然误差的是
　　A．砝码被腐蚀　　B．记错数据　　　C．指示剂不合适　　D．下雨　　　　E．试剂不纯

2. 偶然误差产生的原因不包括
　　A．仪器的微小变化　　　　　B．温度的变化　　　　　　　C．湿度的变化
　　D．气压的变化　　　　　　　E．试剂使用不当

3. 在下列情况下,引起试剂误差的是
　　A．砝码被腐蚀　　B．记错数据　　　C．指示剂不合适　　D．下雨　　　　E．试剂不纯

4. 由于指示剂选择不当造成的误差属于

　　A．操作失误　　　　B．仪器误差　　　　C．操作误差　　　　D．方法误差　　　　E．都不是

5. 空白试验能减小

　　A．偶然误差　　　　B．仪器误差　　　　C．方法误差　　　　D．试剂误差　　　　E．操作误差

6. 减小偶然误差的方法

　　A．回收试验　　　　　　　　B．多次测定取平均值　　　　　　C．空白试验

　　D．对照试验　　　　　　　　E．更换试剂

7. 在标定高猛酸碱溶液时,某操作者的四次测定结果分别为 0.203 3,0.203 4,0.203 2,0.203 3 mol·L^{-1},
而实际结果为 0.203 8 mol·L^{-1},则

　　A．准确度较好,但精密度较差　　　　　B．准确度较好,精密度也好

　　C．准确度较差,但精密度较好　　　　　D．准确度较差,精密度也较差

　　E．都不是

8. 精密度表示方法不包括

　　A．相对误差　　　B．绝对偏差　　　C．相对平均偏差　　　D．相对标准偏差　　　E．标准偏差

9. 准确度表示方法为

　　A．绝对偏差　　　　　　　　B．相对误差　　　　　　　　　C．相对平均偏差

　　D．相对标准偏差　　　　　　E．标准偏差

10. 3.00 L 溶液表示为毫升,应为

　　A．3 000.0 ml　　　　　　　　B．3 000 ml　　　　　　　　　C．30×10^2 ml

　　D．3.00×10^3 ml　　　　　　　E．3.0×10^3 ml

11. 移液管移出 20 ml 的溶液,应记为

　　A．2.0×10 ml　　　B．20.0 ml　　　C．20.00 ml　　　D．20.000 ml　　　E．20 ml

12. 下列叙述正确的是

　　A．试剂误差属于系统误差　　　　　　B．操作失误属于系统误差

　　C．系统误差呈正态分布　　　　　　　D．气压变化可导致系统误差

　　E．温度变化可导致系统误差

13. 砝码质量未经校正引起的误差属于

　　A．方法误差　　　B．仪器误差　　　C．试剂误差　　　D．操作误差　　　E．偶然误差

14. 万分之一分析天平称量时应记录到小数点后几位(单位:g)

　　A．1 位　　　　B．2 位　　　　C．3 位　　　　D．4 位　　　　E．5 位

15. 下列不是 4 位有效数字的是

　　A．0.005 0　　　　　　　　B．0.650 0　　　　　　　　C．5.000

　　D．pH＝12.000 0　　　　　E．6.500 0

16. 用邻苯二甲酸氢钾标定 NaOH 溶液时,NaOH 的消耗量应记录为

　　A．20 ml　　　B．20.1 ml　　　C．20.10 ml　　　D．20.100 ml　　　E．20.100 0ml

17. 下列测量值中是 4 位有效数字的是

　　A．10.00　　　B．0.215 g　　　C．8.0%　　　D．pH＝12.0　　　E．6.500 0

二、名词解释

1. 偶然误差　　**2.** 系统误差　　**3.** 准确度　　**4.** 精密度　　**5.** 空白试验　　**6.** 对照试验　　**7.** 有效数字

三、计算题

1. 将下列数字修约成3位有效数字

(1) 5.545 4　(2) 0.585 65　(3) 5.135 6×10³　(4) 5.325 55　(5) 1.354 2　(6) 3.582 5

(7) 58.675　(8) 218.286

2. 根据有效数字保留规则进行下列运算

(1) $8.36 \div 0.935\ 7 - 0.057$　　　　(2) $31.54 + 66.4 + 0.335\ 5$

(3) $0.432 \div 671.3 \times 0.033\ 05$　　　　(4) $0.065\ 25 \times 3.10 \times 560.0 \div 393.8$

(5) $1.776 \times 5.19 - 0.077\ 754 \times 3.042\ 1$

3. 平行测定 NaCl 原料药中 NaCl 的含量,结果为:90.48%,90.37%,90.47%,90.43%,90.40%,计算平均值、平均偏差、相对平均偏差、标准偏差。

4. 平行测定阿司匹林原料药中阿司匹林的含量,结果为:95.48%,95.37%,95.47%,95.43%,95.40%。真值为95.06%,计算平均值、绝对误差、相对误差。

第六章

滴定分析基础

无·机·及·分·析·化·学

学习目标

1. 掌握滴定分析法的基本定义及相关术语。
2. 掌握滴定分析法的分类。
3. 掌握标准溶液的制备。
4. 掌握滴定分析计算基础。

知识链接

滴定分析与药物检测

滴定分析法又称容量分析法,该法操作简便、仪器简单、测定快速、准确度高、适用范围广,被广泛用于药品及其原料的含量测定分析,主要用于药物活性成分的含量分析:如酸碱滴定法测定阿司匹林(乙酰水杨酸)含量,氧化还原滴定法测定维生素 C 含量,配位滴定法测定葡萄糖酸钙含量,沉淀滴定法测定生理盐水中 NaCl 含量等;此外还可用于药物添加剂的含量测定和纯度控制,如眼药制剂和外用眼药膏中防腐剂 4 - 苯甲酸甲酯中溴值的测定等。其中以酸碱反应为基础的酸碱滴定是药品分析中应用最多的滴定。

第一节 滴定分析法概述

一、滴定分析法

滴定分析法是将一种已知准确浓度的试剂溶液(滴定液),滴加到含待测物质的溶液中,直到所滴加的试剂溶液与待测组分按化学计量关系定量反应完全为止,然后根据滴定液的浓度和用量,计算待测组分含量的分析方法。滴定分析法是化学定量分析法中最常用的分

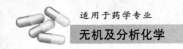

析方法之一,常用于常量分析。

例如,通过 NaOH 与 HCl 的滴定反应计算 HCl 的溶液浓度,反应式如下:

$$NaOH + HCl \Longrightarrow NaCl + H_2O$$

将已知准确浓度的 NaOH 滴定液由滴定管滴加到一定体积的盐酸试样中,直到所加的 NaOH 滴定液恰好与 HCl 溶液完全反应为止,记录消耗 NaOH 溶液的体积。根据 NaOH 溶液的浓度、消耗的体积及化学反应式化学计量关系,即可计算出 HCl 溶液的浓度。

二、滴定分析法的主要术语

1. **滴定**　是指将滴定液由滴定管滴加到待测物质溶液中的操作过程。

2. **滴定液**　是指已知准确浓度的试剂溶液,又称标准溶液。

3. **化学计量点**　当滴入的滴定液与待测组分按照化学反应式所表示的化学计量关系正好反应完全时,称反应达到了化学计量点,即理论终点,简称计量点。

4. **指示剂**　是指滴定分析中用于指示滴定终点的试剂。指示剂在化学计量点附近产生的颜色变化或沉淀等现象,可用于判断反应到达滴定终点。

5. **滴定终点**　在滴定过程中,指示剂发生颜色变化的转变点称为滴定终点。

6. **滴定误差**　由于滴定终点与化学计量点不一致产生的误差。

三、滴定分析法对化学反应的要求

滴定分析法其并非适用于所有的反应,适用于滴定分析的化学反应必须符合下列条件。

(1)反应能定量完成,即反应能按化学反应式的计量关系定量进行,并且反应完全(达到 99.9% 以上),无副反应发生。这是滴定分析定量计算的基础。

(2)反应须迅速。能采用滴定分析的反应速度要快,最好瞬间完成。对于速度较慢的反应,可通过加热、加入催化剂等方法提高反应速度。

(3)有适当的方法确定化学计量点,如指示剂、永停滴定仪的使用等。

(4)滴定反应不受其他共存组分的干扰。若体系中含有干扰主反应的杂质,应预先除去。

四、滴定分析法的主要分析方法

滴定分析是以化学反应为基础的分析方法,根据化学反应不同,滴定分析法可分为酸碱滴定法、配位滴定法、氧化还原滴定法、沉淀滴定法等。

1. **酸碱滴定法**　以酸碱反应为基础的滴定分析方法,是滴定分析中运用最广泛的方法。如用 NaOH 溶液滴定 HCl 溶液,反应式为:

$$NaOH + HCl \Longrightarrow NaCl + H_2O$$

2. **沉淀滴定法**　以沉淀反应为基础的滴定分析方法。如银量法中用 $AgNO_3$ 测定生理

盐水中 NaCl 的浓度,反应式为:

$$Ag^+ + Cl^- \Longrightarrow AgCl\downarrow$$

3. **配位滴定法**　以配位反应为基础的滴定分析方法。如用滴定液 EDTA 测定补钙药葡萄糖酸钙中钙的含量,反应式为:

$$EDTA + Ca^{2+} \Longrightarrow Ca^{2+}—EDTA$$

4. **氧化还原滴定法**　以氧化还原反应为基础的滴定分析方法,又分为高锰酸钾法、碘量法、亚硝酸钠法等。如用滴定液高锰酸钾滴定液滴定亚铁离子,其反应式为:

$$MnO_4^- + 5Fe^{2+} + 8H^+ \Longrightarrow Mn^{2+} + 5Fe^{3+} + 4H_2O$$

五、滴定分析法的主要滴定方式

1. **直接滴定法**　滴定液直接滴加到待测溶液中的滴定方法为直接滴定法。直接滴定法简便、快速、干扰因素较少,是常用的滴定方法。如以酚酞为指示剂,用 NaOH 滴定液滴定 HCl 溶液(图 6-1)。

2. **返滴定法**　在待测物质溶浓中加入准确过量的滴定液,待反应定量完成后,再用另一种滴定液滴定上述剩余的滴定液的方法称为返滴定法,又称回滴定法或剩余滴定法。返滴定法主要适用于待测物难溶于水、反应慢或反应缺乏合适的指示剂时。

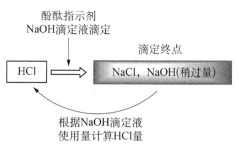

图 6-1　直接滴定法滴定 HCl 溶液

如固体 $CaCO_3$ 的测定,由于 $CaCO_3$ 难溶于水,不能用直接滴定法,可先加入准确过量的 HCl 滴定液使之完全溶解,再用 NaOH 滴定液返滴定剩余的 HCl 溶液,即可测定出 $CaCO_3$ 的含量(图 6-2)。反应式如下:

$$CaCO_3 + 2HCl(过量) \Longrightarrow CaCl_2 + H_2O + CO_2$$
$$NaOH + HCl(剩余) \Longrightarrow NaCl + H_2O$$

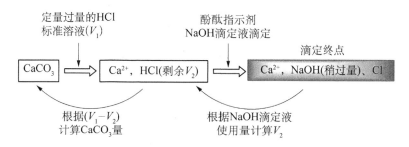

图 6-2　返滴定法测定 $CaCO_3$ 含量

3. **置换滴定法**　先用适当的试剂与待测物质反应,使之定量置换出一种能被直接滴定的物质,再用适当的滴定液滴定此生成物的方法称为置换滴定法。置换滴定法主要适用于待测组分与滴定液间不能按确定的反应式进行或伴有副反应时。

例如，在 $K_2Cr_2O_7$ 的含量测定中，因 $Na_2S_2O_3$ 可被 $K_2Cr_2O_7$ 氧化为 $S_4O_6^{2-}$ 和 SO_4^{2-} 的混合物，因此不能用 $Na_2S_2O_3$ 直接滴定 $K_2Cr_2O_7$。但 $K_2Cr_2O_7$ 可通过置换滴定法，在酸性溶液中先与 KI 反应置换出定量的 I_2，再用 $Na_2S_2O_3$ 滴定液滴定置换出的 I_2，即可计算出 $K_2Cr_2O_7$ 的含量（图 6-3）。反应式如下：

$$K_2Cr_2O_7 + 6KI + 14HCl = 8KCl + 2CrCl_3 + 3I_2 + 7H_2O$$

$$2Na_2S_2O_3 + I_2 = Na_2S_4O_6 + 2NaI$$

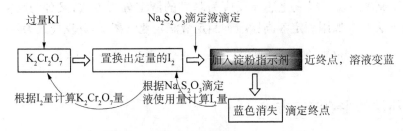

图 6-3　置换滴定法测定 $K_2Cr_2O_7$ 含量

4. **间接滴定法**　将待测物通过一定的化学反应后，再用适当的滴定液滴定其反应产物并间接测定待测组分含量的方法称为间接滴定法。间接滴定法可用于待测组分不能与滴定液直接反应时。

例如，在 Ca^{2+} 含量的测定中，可将 Ca^{2+} 与 $C_2O_4^{2-}$ 生成 CaC_2O_4 沉淀，沉淀过滤洗涤后用硫酸溶解释放出 $H_2C_2O_4$，再用 $KMnO_4$ 滴定液滴定该释放的 $H_2C_2O_4$，即可间接测定出 Ca^{2+} 的含量（图 6-4）。反应式如下：

$$Ca^{2+} + C_2O_4^{2-} = CaC_2O_4 \downarrow$$

$$CaC_2O_4 + 2H^+ = H_2C_2O_4 + Ca^{2+}$$

$$2MnO_4^- + 5H_2C_2O_4 + 6H^+ = 2Mn^{2+} + 10CO_2 \uparrow + 8H_2O$$

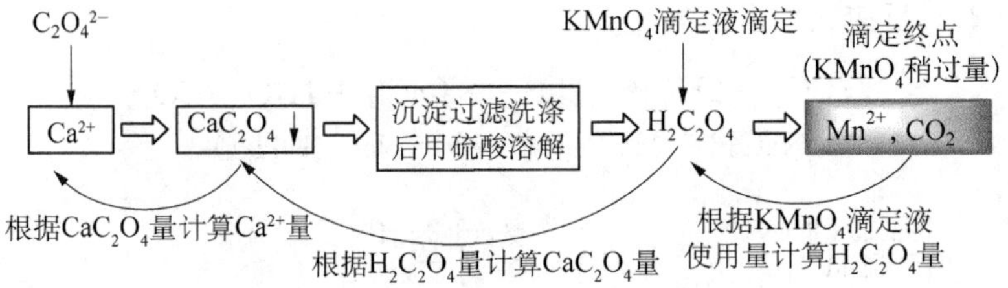

图示：

$C_2O_4^{2-}$　　　　　　　　　　　$KMnO_4$滴定液滴定　　滴定终点（$KMnO_4$稍过量）

Ca^{2+} ⟹ $CaC_2O_4\downarrow$ ⟹ 沉淀过滤洗涤后用硫酸溶解 ⟹ $H_2C_2O_4$ ⟹ Mn^{2+}, CO_2

根据CaC_2O_4量计算Ca^{2+}量　　根据$H_2C_2O_4$量计算CaC_2O_4量　　根据$KMnO_4$滴定液使用量计算$H_2C_2O_4$量

图 6-4　间接滴定法测定 Ca^{2+} 含量

第二节　基准物质与滴定液

一、基准物质

滴定分析中能用于直接配制或标定滴定液的物质称为基准物质（表 6-1）。基准物质必须具备下列要求。

(1) 性质稳定,应不分解,不风化、不潮解、不吸收空气中的二氧化碳、不被空气氧化等。

(2) 纯度高,含量不低于 99.9%。

(3) 物质的组成与化学式完全符合。对含结晶水的物质,其结晶水的数目应与化学式符合,如草酸 $H_2C_2O_4 \cdot 2H_2O$ 等。

(4) 具有较大的摩尔质量以减小称量误差。

表6-1　常用基准物质的干燥温度和应用范围

基准物质	干燥后的组成	干燥温度(℃)	标定对象
无水碳酸钠(Na_2CO_3)	Na_2CO_3	270～300	酸
邻苯二甲酸氢钾($KHC_8H_4O_4$)	$KHC_8H_4O_4$	105～110	碱或 $HClO_4$
草酸钠($Na_2C_2O_4$)	$Na_2C_2O_4$	130	$KMnO_4$
氯化钠(NaCl)	NaCl	500～600	$AgNO_3$
氧化锌(ZnO)	ZnO	800	EDTA
重铬酸钾($K_2Cr_2O_7$)	$K_2Cr_2O_7$	140～150	还原剂
溴酸钾($KBrO_3$)	$KBrO_3$	150	还原剂
三氧化二砷(As_2O_3)	As_2O_3	室温干燥器中保存	氧化剂

二、滴定液

(一) 滴定液浓度的表示方法

1. 物质的量浓度　物质的量浓度是指单位体积溶液中所含溶质 B 的物质的量,称为 B 的物质的量浓度,简称浓度,用符号 c_B 表示,即:

$$c_B = \frac{n_B}{V}$$

【案例6-1】　2 L 盐酸溶液中含 HCl 7.292 g,计算该溶液的物质的量浓度($M_{HCl} = 36.46 \text{ g} \cdot \text{mol}^{-1}$)。

解:
$$n_{HCl} = \frac{m_{HCl}}{M_{HCl}} = \frac{7.292}{36.46} = 0.2000 \text{(mol)}$$

$$c_{HCl} = \frac{n_{HCl}}{V_{HCl}} = \frac{0.2000}{2} = 0.1000 \text{(mol} \cdot \text{L}^{-1}\text{)}$$

【案例6-2】　欲配置 $0.1000 \text{ mol} \cdot \text{L}^{-1}$ NaOH 溶液 1 000 ml,应称取基准物质 NaOH 多少($M_{NaOH} = 40.0 \text{ g} \cdot \text{mol}^{-1}$)?

解:
$$m_{NaOH} = n_{NaOH} \cdot M_{NaOH}$$
$$= c_{NaOH} \cdot V_{NaOH} \cdot M_{NaOH}$$
$$= 0.1000 \times 1000 \times 10^{-3} \times 40.0$$
$$= 4.00 \text{(g)}$$

2. 滴定度　分析工作中,有时也用滴定度表示溶液的浓度,滴定度有两种表示方法。

(1) 指每毫升滴定液中所含溶质的质量($g \cdot ml^{-1}$),以 T_B 表示。如 $T_{NaOH} = 0.006\,000\,g \cdot ml^{-1}$ 时,表示 1 ml 氢氧化钠溶液中含有 0.006 000 g 氢氧化钠。

(2) 指每毫升滴定液相当于待测物质的质量($g \cdot ml^{-1}$),以 $T_{B/A}$ 表示。式中:A 表示滴定液的化学式;B 表示被测物质的化学式,如 $T_{NaOH/HCl} = 0.006\,000\,g \cdot ml^{-1}$,表示用 HCl 滴定液滴定 NaOH 试样时,每消耗 1 ml HCl 滴定液相当于试样含 0.006 000 g NaOH,即 1 ml 该 HCl 滴定液恰好与 0.006 000 g NaOH 完全反应。

滴定分析中,若滴定度已知,则用滴定度乘以滴定中所消耗滴定液的体积,即可计算出待测物质的质量。公式如下:

$$m_A = T_{B/A} V_A$$

【案例 6-3】　如用 $T_{NaOH/HCl} = 0.006\,000\,g \cdot ml^{-1}$ HCl 滴定液滴定氢氧化钠溶液,消耗 HCl 滴定液 10.00 ml,计算试样中氢氧化钠的质量。

解:　　　　$m_{NaOH} = T_{NaOH/HCl} V_{HCl} = 0.006\,000 \times 10 = 0.060\,00\,(g)$

(二) 滴定液的配制

1. 直接法　凡符合基准物质条件的试剂可采用直接法配制滴定液。操作如下:准确称取一定质量的基准物质,溶解后定量转移到量瓶中,稀释至刻度,摇匀。根据称取基准物质的质量和量瓶的体积,即可计算出溶液的浓度。

如配制 1 000 ml 浓度为 0.100 0 mol·L^{-1} 的 NaCl 滴定液。在分析天平上准确称取基准物质 NaCl 5.85 g,溶解后定量转移到 1 000 ml 量瓶中,加水稀释到刻度,摇匀即可。

2. 间接法　许多物质不符合基准物质的条件,如 $KMnO_4$,$Na_2S_2O_3$,HCl,NaOH 等,不能用直接法配制滴定液,则可采用间接法配制滴定液,操作如下:先取该试剂配成近似浓度的溶液,再用基准物质或另一种滴定液来确定它的准确浓度。这种利用基准物质或已知准确浓度的溶液来确定滴定液浓度的操作过程称为标定。

(三) 滴定液的标定

1. 基准物质标定法

(1) 多次称量法:用递减称量法精密称取基准物质 3 份,分别溶于适量溶剂中,然后用待标定的滴定液滴定,根据基准物质的质量和待标定溶液所消耗的体积,即可计算出该溶液的准确浓度。最后取 3 次滴定后计算所得浓度的平均值作为滴定液的浓度。

(2) 移液管法:精密称取一定基准物质,溶解后定量转移到量瓶中,稀释至一定体积,摇匀。用移液管取出几份(如 2~3 份)该溶液,用待标定的滴定液滴定,根据基准物质的质量和待标定溶液所消耗的体积,即可计算出该溶液的准确浓度,最后取其平均值作为滴定液的浓度。

2. 滴定液比较法　准确吸取一定体积的待标定溶液,用已知准确浓度的滴定液滴定,或准确吸取一定量的某滴定液,用待标定的溶液进行滴定。根据两种溶液消耗的体积及滴定液的浓度,可计算出待标定溶液的准确浓度。

一、滴定分析计算的依据

在滴定分析中,当反应物完全作用时,反应物之间物质的量关系恰好符合化学反应式所表示的化学计量关系,即在化学计量点时,待测物质与滴定剂的物质的量必定相当,这就是滴定分析计算最根本的依据。被测物质 A 和滴定液 B 之间的反应如下:

$$aA + bB \Longrightarrow cC + dD$$

化学计量点:

$$\frac{n_A}{n_B} = \frac{a}{b}$$

二、滴定分析计算的基本公式

1. **物质的量浓度、体积和物质的量的关系**　若滴定液与待测溶液反应,到达化学计量点时可得到:

$$c_A \cdot V_A = \frac{a}{b} c_B \cdot V_B$$

2. **物质的质量与物质的量的关系**　若当待测物质 A 是固体,即滴定液与待测由固体物质配成的溶液反应,化学计量点时可得到:

$$\frac{m_A}{M_A} = \frac{a}{b} c_B \cdot V_B \quad 或 \quad m_A = \frac{a}{b} c_B \cdot V_B \cdot M_A$$

3. **待测物质含量的计算**　设 m_s(g)为试样的质量,m_A(g)为试样中待测组分 A 的质量,则待测组分的含量百分比 A%(无机化学中通常以质量分数表示)为:

$$A\% = \frac{m_A}{m_s} \times 100\%$$

(1)若滴定液的浓度用物质的量浓度 c_B 表示:

因

$$m_A = \frac{a}{b} c_B \cdot V_B \cdot M_A$$

故

$$A\% = \frac{\frac{a}{b} c_B \cdot V_B \cdot M_A}{m_s} \times 100\%$$

(2)若滴定液的浓度用滴定度 $T_{B/A}$ 表示时,则:

$$A\% = \frac{T_{B/A} \cdot V_A}{m_s} \times 100\%$$

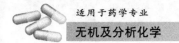

实际滴定时,滴定液的实际浓度与规定浓度常常不一致,可用校正因素 F 进行校正:

$$F = \frac{\text{实际浓度}}{\text{规定浓度}}$$

则含量可表示为:

$$A(\%) = \frac{T_{B/A} \cdot V_A \cdot F}{m_s} \times 100\%$$

三、滴定分析计算的实例

1. 直接法配制标准溶液

【案例 6-4】 配制的 $K_2Cr_2O_7$ 滴定液($0.010\,00\ mol \cdot L^{-1}$)500 ml,问应称取基准物质 $K_2Cr_2O_7$ 多少克($M_{K_2Cr_2O_7}=294.2\ g \cdot mol^{-1}$)?

解:

$$
\begin{aligned}
m_{K_2Cr_2O_7} &= c_{K_2Cr_2O_7} \times V_{K_2Cr_2O_7} \times M_{K_2Cr_2O_7} \times 10^{-3} \\
&= 0.010\,00 \times 500 \times 294.2 \times 10^{-3} \\
&= 1.471\,0(g)
\end{aligned}
$$

2. 标准溶液的标定

【案例 6-5】 取 $0.130\,0\ g$ 基准物质 Na_2CO_3 标定 HCl 溶液,消耗 HCl 溶液 25.00 ml,试计算 HCl 溶液浓度?

解: $$2HCl + Na_2CO_3 = 2NaCl + CO_2\uparrow + H_2O$$

$$n_{Na_2CO_3} = \frac{1}{2}n_{HCl}$$

$$m_{Na_2CO_3} = \frac{1}{2}c_{HCl} \cdot V_{HCl} \cdot M_{Na_2CO_3} \times 10^{-3}$$

$$
\begin{aligned}
c_{HCl} &= \frac{2m_{Na_2CO_3}}{V_{HCl} \cdot M_{Na_2CO_3} \times 10^{-3}} \\
&= \frac{2 \times 0.130\,0}{25.00 \times 105.99 \times 10^{-3}} \\
&= 0.098\,12\ mol \cdot L^{-1}
\end{aligned}
$$

3. 滴定度的计算

【案例 6-6】 已知 $c_{HCl}=0.100\,0\ mol \cdot L^{-1}$,计算 $T_{CaCO_3/HCl}$。

解: $$CaCO_3 + 2HCl = CaCl_2 + H_2O + CO_2\uparrow$$

$$n_{CaCO_3} = \frac{1}{2}n_{HCl}$$

$$
\begin{aligned}
T_{CaCO_3/HCl} &= \frac{1}{2}c_{HCl}V_{HCl}M_{CaCO_3} \times 10^{-3} \\
&= \frac{1}{2} \times 0.100\,0 \times 1 \times 100.09 \times 10^{-3} \\
&= 0.005\,004(g \cdot ml^{-1})
\end{aligned}
$$

4. 待测溶液浓度的计算

【案例6-7】 用 NaOH($0.1000\ \text{mol}\cdot\text{L}^{-1}$)滴定液滴定 20.00 ml HCl 溶液,终点时消耗 21.00 ml,计算 HCl 溶液的浓度。

解: $$\text{NaOH} + \text{HCl} = \text{NaCl} + \text{H}_2\text{O}$$

$$n_{\text{NaOH}} = n_{\text{HCl}}$$

$$\begin{aligned} c_{\text{HCl}} &= \frac{c_{\text{NaOH}} \cdot V_{\text{NaOH}}}{V_{\text{HCl}}} \\ &= \frac{0.1000 \times 21.00}{20.00} \\ &= 0.1050\ (\text{mol}\cdot\text{L}^{-1}) \end{aligned}$$

5. 待测物含量的计算

【案例6-8】 用 HCl 滴定液($0.1000\ \text{mol}\cdot\text{L}^{-1}$)滴定 0.0900 g 含 NaOH 的试样,终点时消耗 HCl 溶液 22.00 ml,计算试样中 NaOH 的含量百分比($M_{\text{NaOH}} = 40.00\ \text{g}\cdot\text{mol}^{-1}$)。

解: $$\text{NaOH} + \text{HCl} = \text{NaCl} + \text{H}_2\text{O}$$

$$n_{\text{HCl}} = n_{\text{NaOH}}$$

$$\begin{aligned} \text{NaOH}\% &= \frac{c_{\text{HCl}} \cdot V_{\text{HCl}} \cdot M_{\text{NaOH}} \times 10^{-3}}{m_s} \times 100\% \\ &= \frac{0.1000 \times 22.00 \times 40.00 \times 10^{-3}}{0.0900} \times 100\% \\ &= 97.8\% \end{aligned}$$

【案例6-9】 称取 NaOH 试样 0.08000 g,用 HCl 滴定液($0.1012\ \text{ml}\cdot\text{L}^{-1}$)滴定,终点时消耗 HCl 溶液 21.05 ml,计算试样中 NaOH 的含量百分比。1 ml HCl 滴定液($0.1000\ \text{ml}\cdot\text{L}^{-1}$)相当于 0.003645 g 的 NaOH。

解: $$\text{NaOH} + \text{HCl} = \text{NaCl} + \text{H}_2\text{O}$$

$$\begin{aligned} \text{NaOH}\% &= \frac{T_{\text{NaOH/HCl}} \cdot V_{\text{HCl}} \cdot F}{m_s} \times 100\% \\ &= \frac{0.003645 \times 21.05 \times \dfrac{0.1012}{0.1000}}{0.08000} \times 100\% \\ &= 97.1\% \end{aligned}$$

1. 滴定分析法的主要方法及滴定方式

根据滴定反应类型及介质	滴定方式
酸碱滴定	直接滴定法
氧化还原滴定	返滴定法
配位滴定	置换滴定法
沉淀滴定	间接滴定法

2. 滴定液的配制与标定

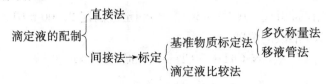

一、选择题

1. 对于滴定分析法,下列叙述正确的是
   A. 以物质重量为基础的分析方法　　B. 是一种定性测定方法
   C. 所有化学反应都可以用于滴定分析　D. 对化学反应的时间没有限制
   E. 是常用的一种药物含量测定方法

2. 测定 $CaCO_3$ 含量,先用一定量过量的 HCl 标准溶液将其溶解,再用 NaOH 溶液滴定剩余的 HCl,此滴定方式属
   A. 直接滴定　　B. 置换滴定　　C. 返滴定　　　D. 间接滴定　　　E. 沉淀滴定

3. 下列哪项不是基准物质必须具备的条件
   A. 纯度高　　　　　　　B. 物质反应性高　　　　C. 物质的性质稳定
   D. 物质的组成与化学式完全符合　　　　　　　　E. 具有较大摩尔质量

4. 用基准物质配制滴定液的方法称为
   A. 移液管配制法　　　B. 称量配制法　　　　　C. 直接配制法
   D. 间接配制法　　　　E. 基准物质配制法

5. 没有适合条件的基准物质可采用以下哪种方法配制标准溶液
   A. 称量配制法　　　　B. 稀释法　　　　　　　C. 直接配制法
   D. 间接配制法　　　　E. 基准物质配制法

6. 常用的 50 ml 滴定管其最小刻度为
   A. 10 ml　　　B. 1 ml　　　C. 0.1 ml　　　D. 0.01 ml　　　E. 0.5 ml

7. 某滴定消耗滴定液约 26 ml,应如何读数
   A. 26.3 ml　　　B. 26 ml　　　C. 26.355 ml　　　D. 26.35 ml　　　E. 26.4 ml

8. 当待测组分与滴定液间不能按确定的反应式进行或伴有副反应时,可采用
   A. 直接滴定法　　　　B. 返滴定法　　　　　　C. 置换滴定法
   D. 间接滴定法　　　　E. 非常规滴定法

9. $T_{HCl/NaOH}=0.001\,000\,g\cdot ml^{-1}$,终点时 NaOH 消耗 10.00 ml,试样中 HCl 的质量为
   A. 0.100 0 g　　　　　B. 0.010 00 g　　　　　C. 0.001 000 g
   D. 0.001 0 g　　　　　E. 1.000 0 g

10. 容量瓶内残留少量纯化水,则配制成的溶液浓度(以水为溶剂)
    A. 偏低　　　　　　　B. 偏高　　　　　　　　C. 无法确定
    D. 对结果无影响　　　E. 不变

11. $M_{HCl}=36.5\,g\cdot mol^{-1}$, $C_{NaOH}=1.000\,mol\cdot L^{-1}$,则 $T_{HCl/NaOH}$
    A. 0.003 65 g·ml^{-1}　　　B. 0.036 5 g·ml^{-1}　　　C. 0.365 g·ml^{-1}
    D. 3.65 g·ml^{-1}　　　　　D. 36.5 g·ml^{-1}

12. 用高锰酸钾标准溶液滴定过氧化氢样品时,4 个学生记录的消耗高锰酸钾标准溶液体积如下,哪一个正确

    A．10 ml　　　　B．10.1 ml　　　　C．10.10 ml　　　　D．10.0 ml　　　　E．10.100 ml

13. 滴定终点是指

    A．滴定液和被测物质的物质的量相等时

    B．滴定液与被测物质按化学反应式反应完全时

    C．滴定液加完时

    D．滴定液和被测物质的质量相等时

    E．指示剂颜色发生变化时的转变点

14. 化学计量点是指

    A．滴定液和被测物质的物质的量相等时

    B．滴定液与被测物质按化学反应式反应完全时

    C．滴定液加完时

    D．滴定液和被测物质的质量相等时

    E．指示剂颜色发生变化时的转变点

15. 滴定分析中化学计量点与滴定终点的关系是

    A．两者没有关系　　　　　　　　B．化学计量点在滴定终点前

    C．化学计量点在滴定终点后　　　　D．两者越接近,滴定误差越大

    E．两者越接近,滴定误差越小

二、简答题

1. 请简述化学计量点,指示剂变色点和滴定终点的关系。

2. 基准物质需满足那些条件?

三、名词解释

1. 化学计量点　　**2.** 滴定度　　**3.** 基准物资　　**4.** 终点误差

四、计算题

1. 已知盐酸滴定液的物质的量浓度为 $0.100\,0\ \text{mol} \cdot \text{L}^{-1}$,求该 HCl 溶液的滴定度 $T_{\text{HCl}}(\text{g} \cdot \text{mol}^{-1})$ 及其对 NaOH 的滴定度 $T_{\text{NaOH/HCl}}(\text{g} \cdot \text{mol}^{-1})$。

2. 滴定时若用去 $T_{\text{CaO/HCl}} = 0.008\,000\ \text{g} \cdot \text{ml}^{-1}$ 的 HCl 20.00 ml,则参与反应的 CaO 有多少克?

3. 滴定度为 $T_{\text{HCl/NaOH}} = 0.003\,650\ \text{g} \cdot \text{ml}^{-1}$ 的 NaOH 溶液应如何用 NaOH 配制($M_{\text{NaOH}} = 40\ \text{g} \cdot \text{mol}^{-1}$,$M_{\text{HCl}} = 36.5\ \text{g} \cdot \text{mol}^{-1}$)?

第七章
酸碱平衡与酸碱滴定法

无·机·及·分·析·化·学

学习目标

1. 具备酸碱滴定法的基本知识。
2. 熟悉酸碱指示剂的选择。
3. 掌握常用酸碱滴定法标准溶液的配制及标定方法。
4. 能应用酸碱滴定法测定和计算相关药物的含量。

知识链接

酸碱与药物

酸碱化合物广泛存在于自然界中,例如空气中的 CO_2 溶于水形成碳酸,可制备碳酸饮料;生产馒头、油条等食品时常加入的小苏打(碳酸氢钠)等。很多药物也属于酸碱化合物,如消毒防腐药苯甲酸;用于解热镇痛及抗血小板凝集的阿司匹林等。

苯甲酸　　　　　　阿司匹林

酸碱滴定法是以酸碱中和反应为基础的滴定分析方法,是药物含量测定中应用最为广泛的滴定方法之一。

第一节　酸碱质子理论

人类对于酸碱的认识经历了漫长的时间。1887 年,瑞典物理化学家阿仑尼乌斯提出酸碱电离理论使人类对酸碱的认识实现了从现象到本质的飞跃。酸碱电离理论认为凡在水溶液中电离出的阳离子全部都是 H^+ 的物质叫酸;电离出的阴离子全部都是 OH^- 的物质叫碱,酸碱反应的本质是 H^+ 与 OH^- 结合生成水的反应。

酸碱电离理论目前应用最为广泛的一种酸碱理论,但它具有很多局限性,如它把酸与碱只局限为水溶液,则在非水溶液中无法判定酸碱,另外其也无法解释一些物质本身不含 H^+(如 $AlCl_3$ 氯化铝)或 OH^-(如 Na_2CO_3,碳酸钠)却在水溶液中呈酸性或碱性等。

1923 年,布朗斯特在酸碱电离理论的基础上,提出了酸碱质子理论,扩大了酸碱的范围,更新了酸碱的定义。

一、酸碱质子理论

酸碱质子理论认为:凡是能给出质子的物质是酸,如 HCl,H_2SO_4,NH_4^+,HCO_3^-,H_2O 等,凡是能接受质子的物质是碱,如 OH^-,Cl^-,SO_4^-,HCO_3^-,H_2O 等。

有些物质既能给出质子,又能接受质子被称为两性物质。例如,$H_2PO_4^-$ 可以作为酸给出质子形成 HPO_4^{2-},也可以作为碱接受质子形成 H_3PO_4。

在酸碱质子理论中,酸碱不是孤立的,而是相互联系的。例如,在 HAc(酸)与 Ac^-(碱)、NH_4^+(酸)与 NH_3(碱)之间仅相差 1 个 H^+(质子),酸碱之间可以通过给出或接受质子相互转化。酸碱之间这种相互联系、相互转化的关系称为酸碱的共轭关系,对应的酸和碱称为共扼酸碱对,酸失去质子以后形成的碱称为该酸的共轭碱,碱得到质子以后形成的酸称为该碱的共轭酸。共轭酸的酸性越强,相应的共轭碱的碱性越弱。共轭酸碱对的关系如下:

$$酸(共轭酸) \rightleftharpoons 碱(共轭碱) + 质子$$
$$HCl \rightleftharpoons Cl^- + H^+$$
$$HAc \rightleftharpoons Ac^- + H^+$$
$$NH_4^+ \rightleftharpoons NH_3 + H^+$$

酸碱质子理论中没有盐的概念,盐可以是酸、碱或酸、碱的混合物。

二、酸碱反应的实质

根据酸碱质子理论,任何酸碱反应都是 2 个共轭酸碱对之间质子的传递反应:

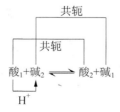

如 HAc 与 $NaOH$ 的中和反应:

$$HAc + OH^- \rightleftharpoons H_2O + Ac^-$$

电离理论中的酸、碱、盐反应,在质子理论中可认为是酸碱反应,反应实质都是两个共轭酸碱对之间质子的传递反应,例如:

HAc 在水溶液中的离解:$HAc + H_2O \rightleftharpoons H_3O^+ + Ac^-$

NH_3 在水溶液中离解:$NH_3 + H_2O \rightleftharpoons OH^- + NH_4^+$

盐类的水解:$NH_4^+ + H_2O \rightleftharpoons NH_3 + H_3O^+$

水的质子自递作用:$H_2O + H_2O \rightleftharpoons HO^+ + OH^-$

第二节 弱酸碱溶液的离解平衡

电解质是指在水溶液中或熔融状态下能够导电的化合物。根据电解质在水溶液中的解离程度,电解质又分为强电解质和弱电解质。在水溶液中能全部离解的电解质称为强电解质,如强酸、强碱和绝大多数可溶性的盐;在水溶液中部分离解的电解质称为弱电解质,如弱酸、弱碱和水。

一、一元弱酸碱溶液的离解平衡

(一) 一元弱酸的离解平衡

弱电解质在水溶液中部分离解,因此存在未离解分子与已解离出的离子之间的离解平衡。如醋酸 HAc 的离解平衡方程式为:

$$HAc + H_2O \rightleftharpoons H_3O^+ + Ac^-$$

可简写成:

$$HAc \rightleftharpoons H^+ + Ac^-$$

在一定温度下,当达到离解平衡时:

$$K_a = \frac{[H^+][Ac^-]}{[HAc]}$$

K_a 为弱酸的离解平衡常数,简称离解常数。离解常数和所有的化学平衡常数一样,与温度有关,而与浓度无关。

不同温度下,离解常数 K_a 值不同。25℃下,常见一元酸在水中的离解常数如表 7-1 所示。

表 7-1　常见一元酸在水中的离解常数(25℃)

碱	分子式	离解常数 K_a	pK_a
氢氰酸	HCN	6.2×10^{-10}	9.21
氢氟酸	HF	6.6×10^{-4}	3.18
醋酸	CH_3COOH	1.8×10^{-5}	4.74
苯甲酸	C_4H_6COOH	6.2×10^{-5}	4.21

离解常数 K_a 可比较弱酸的相对强弱,在相同温度条件下,K_a 越大,酸性越强,K_a 越小,酸性越弱。

(二)一元弱碱的离解平衡

一元弱碱的在水溶液中也存在理解平衡。例如,氨水的离解平衡方程式为:

$$NH_3 \cdot H_2O \rightleftharpoons NH_4^+ + OH^-$$

$$K_b = \frac{[NH_4^+][OH^-]}{[NH_3 \cdot H_2O]}$$

K_b 为弱碱的离解常数。25℃时常见一元弱碱在水中的离解常数如表 7-2 所示。

表 7-2　常见一元弱碱在水中的离解常数(25℃)

弱　碱	分子式	离解常数 K_b	pK_b
氨水	$NH_3 \cdot H_2O$	1.8×10^{-5}	4.74
羟胺	NH_2OH	9.1×10^{-6}	8.04
甲胺	CH_3NH_2	4.2×10^{-10}	9.34
吡啶	C_5H_5N	1.7×10^{-5}	8.77

在相同温度条件下,对于同类型的弱碱,K_b 越大,碱性越强。

二、多元弱酸的离解平衡

多元弱酸在水溶液中是分步离解的,每一步离解都有其相应的离解平衡关系及离解常数(表 7-3)。以 H_2S 为例:

第 1 步离解　$H_2S \rightleftharpoons H^+ + HS^-$　$K_{a_1} = \dfrac{[H^+][HS^-]}{[H_2S]} = 1.3 \times 10^{-7}$

第 2 步离解　$HS^- \rightleftharpoons H^+ + S^{2-}$　$K_{a_2} = \dfrac{[H^+][S^{2-}]}{[HS^-]} = 7.1 \times 10^{-15}$

表 7-3　常见多元弱酸的各级离解常数(25℃)

弱　碱	分子式	离解常数 K_a
碳酸	H_2CO_3	$4.2 \times 10^{-7} (K_{a_1})$
		$5.6 \times 10^{-11} (K_{a_2})$
氢硫酸	H_2S	$1.3 \times 10^{-7} (K_{a_1})$
		$7.1 \times 10^{-15} (K_{a_2})$
亚硫酸	H_3SO_3	$1.3 \times 10^{-2} (K_{a_1})$
		$6.3 \times 10^{-8} (K_{a_2})$
草酸	$H_2C_2O_4$	$5.9 \times 10^{-2} (K_{a_1})$
		$6.4 \times 10^{-5} (K_{a_2})$

弱　碱	分子式	离解常数 K_a
磷酸	H_3PO_4	$7.6 \times 10^{-3}(K_{a_1})$
		$6.3 \times 10^{-8}(K_{a_2})$
		$4.4 \times 10^{-13}(K_{a_3})$
砷酸	H_3AsO_4	$6.3 \times 10^{-3}(K_{a_1})$
		$1.0 \times 10^{-7}(K_{a_2})$
		$3.2 \times 10^{-12}(K_{a_3})$

由表 7 - 3 可见,对于多元弱酸来说,由于 $K_{a_2} \ll K_{a_1}$,多元弱酸溶液中 H^+ 主要来源于第 1 步离解,在比较多元弱酸的相对强弱时,可忽略第 2 步离解时产生的 H^+ 的影响,只比较第 1 级离解常数的大小即可。

三、离解度 α

弱电解质达到离解平衡时,已离解的分子数在该电解质原来分子总数中所占的比例,称为该弱电解质的离解度,用符号 α 表示:

$$\alpha = \frac{已离解的弱电解质浓度}{弱电解质的起始浓度} \times 100\%$$

【案例 7 - 1】 已知 $0.2\,\text{mol} \cdot L^{-1}$ HAc 溶液中,$[H^+] = 2.3 \times 10^{-3}\,\text{mol} \cdot L^{-1}$,求醋酸的离解度。

解:$0.2\,\text{mol} \cdot L^{-1}$ HAc 溶液中,$[H^+] = 2.3 \times 10^{-3}\,\text{mol} \cdot L^{-1}$,则醋酸的离解度:

$$\alpha = \frac{2.3 \times 10^{-3}}{0.1} \times 100\% = 2.3\%$$

离解度的大小主要与电解质的本身的性质有关,同时,也受到溶液的温度、浓度、溶剂等因素的影响。

离解度和离解常数均能用于表示弱电解质离解程度的大小,但离解常数在一定温度下为定值,不受浓度影响,而离解度是达到离解平衡时已离解的分子数在该电解质原来分子总数中所占的比例,受浓度影响。离解常数比离解度能更好地表明弱电解质的相对强弱。

以一元弱酸 HA 为例,其离解度为 α、离解常数 K_a 和浓度 c 之间的关系推导如下:

$$HA \rightleftharpoons H^+ + A^-$$

起始浓度　　　　　　　c　　　　　0　　　0

平衡浓度　　　　　$c(1-\alpha)$　　　$c\alpha$　　　$c\alpha$

$$K_a = \frac{[H^+][A^-]}{[HA]} = \frac{(c\alpha)^2}{c(1-\alpha)} = \frac{c\alpha^2}{1-\alpha}$$

一般来说,当 $c/K_a > 400$ 时,可以认为 $1-\alpha \approx 1$,做近似处理,可得 $K_a = c\alpha^2$,即:

$$\alpha = \sqrt{\frac{K_a}{c}}$$

它表示一定温度下,弱电解质的离解度 α 与浓度的平方根成反比,即溶液越稀,弱电解质离解度 α 的值越大,也称稀释定律。

同样,对于一元弱碱溶液,有:

$$\alpha = \sqrt{\frac{K_b}{c}}$$

第三节 水的离解和溶液的酸碱性

一、水的离解平衡与离子积常数

水是一种极弱的电解质,能离解出极少量的 H^+ 和 OH^-,产生电离平衡:

$$H_2O \rightleftharpoons H^+ + OH^-$$
$$K_w = [H^+][OH^-]$$

K_w 称为水的离子积常数或水的质子自递常数。K_w 与温度有关,当温度一定时,K_w 为一常数,如 25℃时,其值为 1.0×10^{-14}。

二、溶液的酸碱性和 pH 值

溶液的酸度常用 pH 值来表示:

$$pH = -lg[H^+]$$

pH 值与溶液酸碱性的关系如下:
(1) 中性溶液:$[H^+] = [OH^-] = 1.00 \times 10^{-7}$ mol·L^{-1},pH = 7。
(2) 酸性溶液:$[H^+] > 1.00 \times 10^{-7}$ mol·L^{-1},$[H^+] > [OH^-]$,pH < 7。
(3) 碱性溶液:$[OH^-] > 1.00 \times 10^{-7}$ mol·L^{-1},$[H^+] < [OH^-]$,pH > 7。
pH 值越小,$[H^+]$ 越大,溶液酸性越强。反之,pH 值越大,$[H^+]$ 越小,溶液碱性越强。
溶液的酸碱性也可以用 pOH 来表示。pOH 是溶液中 OH^- 浓度的负对数:

$$pOH = -lg[OH^-]$$

25℃时,$K_w = [H^+][OH^-] = 10^{-14}$,则:

$$pH + pOH = 14$$

【案例 7-2】 计算 0.1 mol·L^{-1} HNO_3 溶液的 H^+ 及 OH^- 浓度和 pH 值。
解:
$$HNO_3 \longrightarrow H^+ + NO_3^-$$
$$[H^+] = c(HNO_3) = 0.1 (mol·L^{-1})$$

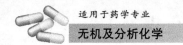

$$[OH^-] = \frac{K_w}{[H^+]} = \frac{1.0 \times 10^{-14}}{0.1} = 1.0 \times 10^{-13} (mol \cdot L^{-1})$$

$$pH = -lg[H^+] = 1.00$$

三、酸碱水溶液的 pH 计算

（一）一元弱酸的 pH 计算

对于一元弱酸,当 $c_a K_a \geqslant 20K_w$, $c_a/K_a \geqslant 500$ 时,弱酸溶液中 H^+ 浓度的近似计算公式为:

$$[H^+] = c_a \alpha = \sqrt{c_a K_a}$$

【案例 7-3】 已知醋酸的 $K_a = 1.8 \times 10^{-5}$,计算 0.10 mol·L^{-1} HAc 溶液中 H^+ 离子浓度和醋酸的离解度。

解:$c_a K_a \geqslant 20K_w$, $c_a/K_a \geqslant 500$,可采用近似公式:

$$[H^+] = \sqrt{c_a K_a} = \sqrt{0.10 \times 1.8 \times 10^{-5}} = 1.3 \times 10^{-3} (mol \cdot L^{-1})$$

$$\alpha = \sqrt{\frac{K_a}{c_a}} = \sqrt{\frac{1.8 \times 10^{-5}}{0.10}} = 1.3\%$$

（二）一元弱碱的 pH 计算

对于一元弱碱,当 $c_b K_b \geqslant 20K_w$, $c_b/K_b \geqslant 500$ 时,弱碱溶液中 OH^- 浓度的近似计算公式为:

$$[OH^-] = c\alpha = \sqrt{K_b c}$$

【案例 7-4】 计算 0.5 mol·L^{-1} 的 $NH_3 \cdot H_2O$($K_b = 1.8 \times 10^{-5}$)溶液中 $[OH^-]$ 和 $NH_3 \cdot H_2O$ 的离解度。

解:
$$NH_3 \cdot H_2O \Longrightarrow NH^+ + OH^-$$

因 $c_b K_b \geqslant 20K_w$, $c_b/K_b \geqslant 500$,可采用近似公式:

$$[OH^-] = \sqrt{K_b c_b} = \sqrt{1.8 \times 10^{-5} \times 0.5} = 3.0 \times 10^{-3} (mol \cdot L^{-1})$$

$$\alpha = \sqrt{\frac{K_b}{c_b}} = \sqrt{\frac{1.8 \times 10^{-5}}{0.5}} = 6.0 \times 10^{-3}$$

（三）多元弱酸碱溶液的 pH 计算

对于多元弱酸溶液中 pH 的计算,由于 $K_{a_1} > K_{a_2} > K_{a_3}$, K_{a_1} 远大于 K_{a_2} 及 K_{a_3}。因此,多元弱酸溶液可近似按一元弱酸处理。

【案例 7-5】 计算 0.10 mol·L^{-1} H_2S 溶液中 H^+ 浓度。已知:$K_{a_1} = 1.3 \times 10^{-7}$, $K_{a_2} = 7.1 \times 10^{-15}$。

解:$c_a K_{a_1} \geqslant 20K_w$, $c_a/K_{a_1} \geqslant 500$,采用近似式计算得到:

$$[H^+] = \sqrt{c_a K_a} = \sqrt{0.10 \times 1.3 \times 10^{-7}} = 1.1 \times 10^{-4} (mol \cdot L^{-1})$$

四、盐类的水解

【案例 7-6】　不同盐溶液的 pH 值。

$$0.1\,mol \cdot L^{-1}\,NaCl \qquad pH = 7.0$$
$$0.1\,mol \cdot L^{-1}\,NaAc \qquad pH = 8.9$$
$$0.1\,mol \cdot L^{-1}\,NH_4Cl \qquad pH = 5.2$$
$$0.1\,mol \cdot L^{-1}\,NH_4Ac \qquad pH = 7.0$$

这些盐本身既不电离出 H^+，也不电离出 OH^-，但它们的溶液为什么呈现出不同的酸碱性呢？原因主要是发生了盐类的水解。组成盐的离子与水离解产生的 H^+ 或 OH^- 结合生成弱电解质的作用，称为盐类的水解。

(一) 强碱弱酸盐的水解

NaAc 是强碱弱酸盐，在水中全部离解为 Na^+ 及 Ac^-，其中 Ac^- 能与水离解出来的 H^+ 结合生成弱电解质 HAc 分子。HAc 形成过程中结合了水离解产生的 H^+，导致水的离解到达平衡时 $[OH^-] > [H^+]$，溶液显碱性。反应式如下：

$$NaAc \longrightarrow Na^+ + Ac^-$$
$$+$$
$$H_2O \rightleftharpoons OH^- + H^+$$
$$\Updownarrow$$
$$HAc$$

总的水解平衡反应式如下：

$$Ac^- + H_2O \rightleftharpoons HAc + OH^-$$
$$K_h = \frac{[HAc][OH^-]}{[Ac^-]} = \frac{K_w}{K_a}$$

K_h 称为盐类的水解常数。当组成盐的酸越弱，即 K_a 越小，则水解常数 K_h 越大，相应盐的水解倾向越大。

当 $c/K_h > 400$ 时，可根据下式计算溶液中 $[OH^-]$：

$$[OH^-] = \sqrt{K_h c} = \sqrt{\frac{K_w c}{K_a}}$$

(二) 强酸弱碱盐的水解

NH_4Cl 是强酸弱碱盐，在水中全部离解 NH_4^+ 及 Cl^-，其中 NH_4^+ 能与水离解的 OH^- 结合生成弱电解质 $NH_3 \cdot H_2O$ 分子。$NH_3 \cdot H_2O$ 形成过程中结合了水离解产生的 OH^-，导致水的离解到达平衡时 $[OH^-] < [H^+]$，溶液显酸性。反应式如下：

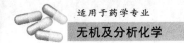

$$NH_4Cl \longrightarrow NH_4^+ + Cl^-$$
$$+$$
$$H_2O \rightleftharpoons OH^- + H^+$$
$$\Updownarrow$$
$$NH_3 \cdot H_2O$$

总的水解平衡反应式如下：

$$NH_4^+ + H_2O \rightleftharpoons NH_3 \cdot H_2O + H^+$$

$$K_h = \frac{[NH_3 \cdot H_2O][H^+]}{[NH_4^+]} = \frac{K_w}{K_b}$$

组成盐的碱越弱，即 K_b 越小，则水解常数 K_h 越大，相应的强酸弱碱盐的水解倾向越大。当盐的水解程度很小时，可根据下式计算溶液中 $[H^+]$：

$$[H^+] = \sqrt{K_h c} = \sqrt{\frac{K_w c}{K_b}}$$

（三）强酸强碱盐的水解

强酸强碱盐如 $NaCl$ 在水中完全离解为 Na^+ 及 Cl^-，但它们均不能与水离解出来的 OH^- 和 H^+ 结合生成弱电解质，对水的离解平衡没有影响。所以，强酸强碱盐不水解，溶液呈中性。

（四）弱酸弱碱盐的水解

NH_4Ac 是弱酸弱碱盐，在水中全部离解 NH_4^+ 及 Ac^-，它们都能发生水解，分别与水离解出来的 OH^- 和 H^+ 结合生成弱电解质 $NH_3 \cdot H_2O$ 及 HAc。反应式如下：

$$NH_4Ac \longrightarrow NH_4^+ + Ac^-$$
$$+ \qquad +$$
$$N_2O \rightleftharpoons OH^- + H^+$$
$$\Updownarrow \qquad \Updownarrow$$
$$NH_3 \cdot H_2O \quad HAc$$

总的水解方程式为如下：

$$NH_4^+ + Ac^- + H_2O \rightleftharpoons NH_3 \cdot H_2O + HAc$$

$$K_h = \frac{[NH_3 \cdot H_2O][HAc]}{[NH_4^+][Ac^-]} = \frac{K_w}{K_a K_b}$$

由上可知，弱酸弱碱盐水溶液的酸碱性弱酸弱碱的相对强弱有关。

(1) 当 $K_a \approx K_b$ 时，溶液近于中性，如 NH_4Ac。

(2) 当 $K_a > K_b$ 时，则溶液为酸性，如 NH_4HCO_3。

(3) 当 $K_a < K_b$ 时，则溶液为碱性，如 $(NH_4)_2CO_3$。

综上所述，盐类水溶液的酸碱性与盐的组成有关。强酸强碱盐，如 $NaCl$，KNO_3 的水溶液显中性；强碱弱酸盐，如 $NaAc$，Na_2CO_3 的水溶液显碱性；强酸弱碱盐，如 NH_4Cl，

$AI_2(SO_4)_3$ 的水溶液显酸性；弱酸弱碱盐，如 NH_4Ac，NH_4CN 等的水溶液可能显中性、酸性或碱性，这取决于弱酸弱碱的相对强弱。

第四节　缓 冲 溶 液

一、同离子效应

在弱电解质溶液中，加入与弱电解质具有相同离子的强电解质，使弱电解质的离解度降低的现象，称为同离子效应。

如在 HAc 溶液中加入少量 NaAc，由于 NaAc 在溶液中完全离解，使溶液中 Ac^- 浓度增加，HAc 的离解平衡左移，从而降低了 HAc 的离解度。反应式如下：

$$NaAc \longrightarrow Na + Ac^-$$
$$HAc \Longleftarrow H^+ + Ac^-$$

二、缓冲溶液

缓冲溶液是一种能够抵抗外加的少量酸、碱或溶液适当稀释而保持 pH 值基本不变的溶液。

（一）缓冲溶液的组成

缓冲溶液通常有以下 3 类：弱的共轭酸碱对体系；高浓度的强酸或强碱；两性物质体系。本部分重点讨论弱的共轭酸碱对体系，其主要分为 3 类：弱酸及其盐，如 HAc - NaAc；弱碱及其盐，如 $NH_3 \cdot H_2O$ - NH_4Cl；多元弱酸的酸式盐及其次级盐，如 NaH_2PO_4 - Na_2HPO_4。

（二）缓冲溶液的缓冲原理

以 HAc - NaAc 溶液为例，HAc 能部分离解产生 H^+ 及 Ac^-，NaAc 完全离解产生 Na^+ 及 Ac^-，反应式如下：

$$HAc \Longleftarrow H^+ + Ac^-$$
$$NaAc \longrightarrow Na^+ + Ac^-$$

当向溶液中加入少量强碱如 NaOH 时，OH^- 能与溶浓中的 H^+ 结合生成水，从而使 HAc 的离解平衡向右移动以进一步产生 H^+ 来补充被消耗的 H^+。当达到新的平衡时，溶液中 OH^- 的浓度几乎不变，因此溶液的 pH 基本不变。

当缓冲溶液加入少量强酸（如 HCl）时，强酸完全离解的 H^+ 与溶液中的 Ac^- 结合，生成弱酸 HAc，使醋酸的离解平衡向左移动以降低由于强酸加入而增加的 H^+ 浓度。当达到新的平衡时，溶液中 H^+ 的浓度不会显著增加，因此溶液的 pH 基本不变。

（三）缓冲溶液的 pH 值

弱酸及其盐组成的缓冲溶液中有：

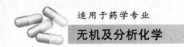
$$[H^+] = K_a \frac{c_a}{c_b}$$

弱碱及其盐组成的缓冲溶液中有：

$$[OH^-] = K_b \frac{c_b}{c_a}$$

式中：c_a，c_b 分别为共轭酸碱对中共轭酸及共轭碱的浓度。由此可见，缓冲溶液的 pH 值取决于弱酸（碱）的离解常数及缓冲对的浓度比。

（四）缓冲容量

缓冲溶液的缓冲能力用缓冲容量来衡量，缓冲容量用改变一定的 pH 值时所允许加入的强酸或强碱的量来度量，即 1 L 缓冲溶液中 pH 增大或减小 1 个 pH 单位所需加入强碱或强酸的量。需加入的强碱或强酸的量越多，说明缓冲容量就越大。通常缓冲溶液的浓度越大，缓冲能力就越大；当 $c_a : c_b = 1 : 1$ 时，缓冲溶液的缓冲能力最大。但缓冲溶液的缓冲能力是有一定限度的，如果在缓冲溶液中加入大量的强酸、强碱或用大量水稀释，溶液就失去了缓冲作用。

常用缓冲溶液的配制方法和 pH 值列于表 7－4 中。

表 7－4　常用缓冲溶液的配制方法和 pH 值

缓冲溶液名称	pH	配制方法
氨基乙酸-盐酸	2.3	在 500 ml 水中溶解氨基乙酸 150 g，加 480 ml 浓盐酸，再加水稀释至 1 L
邻苯二甲酸氢钾-盐酸	3.6	把 25.0 ml 0.2 mol·L^{-1} 邻苯二甲酸氢钾溶液与 6.0 ml 0.1 mol·L^{-1} HCl 混合均匀，加水稀释至 100 ml
邻苯二甲酸氢钾-氢氧化钠	4.8	把 25.0 ml 0.2 mol·L^{-1} 邻苯二甲酸氢钾溶液与 17.5 ml 0.1 mol·L^{-1} NaOH 混合均匀，加水稀释至 100 ml
六亚甲基四胺-盐酸	5.4	在 200 ml 水中溶解六亚甲基四胺 40 g，加浓 HCl 10 ml，再加水稀释至 1 L
磷酸二氢钾-氢氧化钠	6.8	把 25.0 ml 0.2 mol·L^{-1} 磷酸二氢钾与 23.6 ml 0.1 mol·L^{-1} NaOH 混合均匀，加水稀释至 100 ml
氯化钾-氨水	9.1	把 0.1 mol·L^{-1} 氯化铵与 0.1 mol·L^{-1} 氨水以 2：1 比例混合均匀
磷酸氢二钠-氢氧化钠	12.0	把 50.0 ml 0.05 mol·L^{-1} Na$_2$HPO$_4$ 与 26.9 ml 0.1 mol·L^{-1} NaOH 混合均匀，加水稀释至 100 ml

知识链接

　　正常人体血液酸碱度恒定在 pH 7.35～7.45 之间。临床上将 pH<7.35 称为酸中毒，pH>7.45 为称碱中毒。人体通过血液内的缓冲体系及肺和肾等脏器的调节作用将体内酸碱度保持相对平衡状态，其中血液缓冲系统中 HCO$_3^-$/H$_2$CO$_3$ 是最重要的缓冲系统，缓冲能力最强。

第五节　酸碱指示剂

一、酸碱指示剂的变色原理

酸碱滴定中,常利用酸碱指示剂在特定条件下的颜色变化来指示滴定终点。

酸碱指示剂一般都是有机弱酸或弱碱,在溶液中可部分电离,且其共轭酸碱对分别具有不同的结构及颜色,当被滴溶液的 pH 值改变时,共轭酸碱对可发生互相转变,使溶液颜色变化。以有机弱酸为例,其在溶液中有如下平衡:

$$HIn \rightleftharpoons H^+ + In^-$$
酸式色　　　　碱式色

溶液中[H^+]的改变会使指示剂颜色发生变化。当溶液的[H^+]增加时,电离平衡向左移动溶液显酸式色;当溶液的[H^+]降低时,电离平衡向右移动溶液显碱式色,如酚酞(图 7-1)。

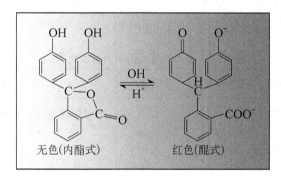

无色(内酯式)　　　红色(醌式)

图 7-1　酚酞的结构及颜色

二、酸碱指示剂的变色范围

指示剂发生颜色变化的 pH 范围称为指示剂的变色范围。以弱酸型指示剂 HIn 为例:

$$HIn \rightleftharpoons H^+ + In^-$$
酸式　　　　碱式

平衡时 $K_{HIn} = \dfrac{[H^+][In^-]}{[HIn]}$

则 $[H^+] = K_{HIn} \cdot \dfrac{[HIn]}{[In^-]}$

$$pH = pK_{HIn} - \lg \dfrac{[HIn]}{[In^-]}$$

K_{HIn} 称为指示剂常数,在一定温度下是一常数。

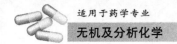

当溶液中存在两种不同颜色的物质时，溶液的颜色取决于两种物质的浓度比。此处，溶液的颜色取决于指示剂酸式体与碱式体的浓度比，即$[HIn]$与$[In^-]$的比值。对人的视觉而言，只有两种颜色的浓度相差 10 倍以上时，才能看出浓度较大的那种颜色，另一种颜色看不出。

(1) 当 $\dfrac{[In^-]}{[HIn]} \leqslant \dfrac{1}{10}$ 时，即 $pH \leqslant pK_{HIn} - 1$ 时，只能观察出酸式颜色。

(2) 当 $\dfrac{[In^-]}{[HIn]} \geqslant 10$ 时，即 $pH \geqslant pK_{HIn} + 1$ 时，只能观察出碱式颜色。

因此，人们能观察到指示剂颜色变化的浓度比 $\dfrac{[In^-]}{[HIn]}$ 的范围为 $\dfrac{1}{10} \sim 10$。由人们能看到的指示剂颜色变化的 pH 范围称为指示剂的变色范围。则酸碱指示剂变色的范围为：

$$pH = pK_{HIn} \pm 1$$

当 $[In^-] = [HIn]$，$pH = pK_{HIn}$ 时称为指示剂的理论变色点。

根据以上理论，指示剂的变色范围应该是两个 pH 单位，但由于人眼对各种颜色的敏感程度不同及指示剂两种颜色的相互掩盖，使得指示剂变色范围的实测值与理论值之间有一定差异。指示剂的变色范围通常越窄越好，因为在酸碱反应达到化学计量点时，pH 值稍有变化，指示剂即可由一种颜色变到另一种颜色，从而指示终点。

表 7－5 列出了常用的酸碱指示剂及变色范围。

表 7－5　常用的酸碱指示剂及变色范围

指示剂	变色范围	酸色—碱色	pK_{HIn}	浓　　度
百里酚蓝	1.2～2.8	红—黄	1.62	0.1%的20%乙醇溶液
甲基橙	3.1～4.4	红—黄	3.45	0.1%的水溶液
溴酚蓝	3.0～4.6	黄—紫	4.1	0.1%的20%乙醇溶液或其他钠盐水溶液
溴甲酚绿	4.0～5.6	黄—蓝	4.9	0.1%的20%乙醇溶液或其他钠盐水溶液
甲基红	4.4～6.2	红—黄	5.0	0.1%的60%乙醇溶液
中性红	6.8～8.0	红—黄橙	7.4	0.1%的60%乙醇溶液
酚酞	8.0～10.0	无—红	9.1	0.2%的90%乙醇溶液
百里酚蓝	8.0～9.6	黄—蓝	8.9	0.1%的20%乙醇溶液
百里酚酞	9.4～10.6	无—蓝	10.0	0.1%的90%乙醇溶液

三、混合指示剂

混合指示剂较单一指示剂具有变色范围窄、变色灵敏的特点（表 7－6）。混合指示剂可分为以下两类。

(1) 由两种或两种以上的酸碱指示剂按一定比例混合而成：如溴甲酚绿和甲基红按 1:3 的比例组成混合指示。pH 大于 5.1 显红色，小于 5.1 显绿色，等于 5.1 时红绿互补显灰色。

(2) 某种酸碱指示剂中混入一种惰性染料：如甲基橙和靛蓝可组成混合指示剂。当溶液的 pH 值改变时，惰性染料靛蓝不变色，作为蓝色背景色，使变色范围变窄，变色敏锐。

表 7-6　常用的酸碱混合指示剂及配制

指示剂组成	配制比例	酸色—碱色	变色点
1 g/L 甲基橙水溶液、2 g/L 靛蓝二磺酸水溶液	1∶1	紫—黄绿	4.1(灰色)
1 g/L 溴甲酚绿乙醇溶液、1 g/L 甲基红乙醇溶液	1∶3	酒红—绿	5.1(灰色)
1 g/L 中性红乙醇溶液、1 g/L 次甲基蓝乙醇溶液	1∶1	蓝紫—绿	7.0(蓝紫色)
1 g/L 甲酚红钠盐水溶液、1 g/L 百里酚蓝钠盐水溶液	1∶3	黄—紫	8.3(8.2 玫瑰色;8.4 紫色)

第六节　酸碱滴定的基本原理

指示剂的颜色变化与溶液 pH 变化有关,因此在酸碱滴定中,要使滴定终点与化学计量点尽量接近以得到准确的分析结果,必须掌握在酸碱滴定过程中溶液 pH 值的变化规律,特别是化学计量点附近溶液 pH 值的变化规律,才能选择合适的指示剂,正确地指示滴定终点。

一、一元强酸(碱)的滴定

强酸强碱滴定的基本反应为:

$$H^+ + OH^- \Longrightarrow H_2O$$

现以 $0.1000\ mol \cdot L^{-1}$ 的 NaOH 滴定 20.00 mL $0.1000\ mol \cdot L^{-1}$ HCl 为例,讨论滴定过程中溶液 pH 值的变化。

(一) 滴定过程中溶液 pH 值的变化

1. 滴定前　滴定前溶液的 pH 值取决于 HCl 的起始浓度:

$$[H^+] = c_{HCl} = 0.1000\ mol \cdot L^{-1} \quad pH = 1.00$$

2. 滴定开始至化学计量点前　滴定开始,随着 NaOH 的不断加入,溶液中 HCl 的量逐渐减少,溶液的组成为酸碱反应产物 NaCl,H_2O 和剩余的 HCl。此时溶液的 pH 值取决于剩余 HCl 的量:

$$[H^+] = \frac{v_{HCl} - v_{NaOH}}{v_{HCl} + v_{NaOH}} c_{HCl}$$

当加入 NaOH 溶液 19.98 ml(−0.1% 相对误差)时:

$$[H^+] = \frac{20.00 - 19.98}{20.00 + 19.98} \times 0.1000 = 5.00 \times 10^{-5}\ mol \cdot L^{-1}$$

$$pH = 4.30$$

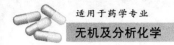

3. 化学计量点 当加入 NaOH 溶液 20.00 ml 时,NaOH 和 HCl 恰好完全反应,溶液的组成为 NaCl 和 H_2O,溶液呈现中性:

$$[H^+] = [OH^-] = 1.0 \times 10^{-7} \text{ mol} \cdot L^{-1} \text{pH} = 7.00$$

4. 化学计量点后 化学计量点后,HCl 被滴定完毕,NaOH 过量,溶液的组成为 NaCl,H_2O 和过量的 NaOH。溶液的 pH 值由过量 NaOH 的量决定:

$$[OH^-] = \frac{v_{NaOH} - v_{HCl}}{v_{NaOH} + v_{HCl}} c_{NaOH}$$

若加入 NaOH 溶液 20.02 ml($+0.1\%$ 相对误差)时:

$$[OH^-] = \frac{20.02 - 20.00}{20.02 + 20.00} \times 0.100\,0 = 5.00 \times 10^{-5} (\text{mol} \cdot L^{-1})$$

$$pH = 14.00 - pOH = 9.70$$

如此可计算出滴定过程中溶液的 pH 值变化,可得到表 7-7 的结果。

表 7-7 用 $0.100\,0$ mol $\cdot$ L^{-1} NaOH 滴定 20.00 ml $0.100\,0$ mol $\cdot$ L^{-1} HCl

加入标准 NaOH		剩余 HCl 溶液体积(ml)	过量 NaOH 溶液体积(ml)	pH
滴定分数(%)	V(ml)			
0	0.00	20.00		1.00
90.0	18.00	2.00		2.28
99.0	19.80	0.20		3.30
99.8	19.96	0.04		4.00
99.9	19.98	0.02		4.30
100.0	20.00	0.00		7.00(计量点)
100.1	20.02			9.70
100.2	20.04			10.00
101.0	20.20			10.70
110.0	22.00			11.70
200.0	40.00			12.52
			0.02	
			0.04	
			0.20	
			2.00	
			20.00	

(二) 滴定曲线的绘制

酸碱滴定曲线是表示酸碱滴定过程中溶液 pH 值变化的曲线,以溶液的 pH 值为纵坐标,酸或碱标准溶液的加入量为横坐标绘制而成。

将上述结果列入表 7-7 中,然后以 NaOH 加入量为横坐标,对应的 pH 值为纵坐标,绘制滴定曲线如图 7-2 所示。

(三) pH 突跃范围

从表 7-7 中数据和滴定曲线可以看出,滴定过程中当 NaOH 滴入量为 19.98~20.02 ml (体积差为 0.04 ml)时,即化学计量点前后,溶液 pH 值急剧变化,由 4.30 迅速增加到 9.70,

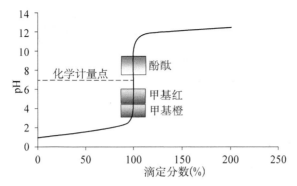

图 7 - 2　0.100 0 mol · L⁻¹ NaOH 滴定 0.100 0 mol · L⁻¹ HCl 的滴定曲线

改变 5.4 个 pH 单位。这种在化学计量点前后(一般为±0.1%相对误差范围内),因滴定液体积的微小变化而使溶液 pH 值发生急剧变化的现象称为滴定突跃。突跃所在的 pH 范围称为滴定突跃范围。上述滴定突跃范围为 4.30~9.70。

(四) 指示剂的选择

滴定突跃是选择指示剂的依据,指示剂选择的原则是:指示剂的变色范围应全部或一部分落在滴定突跃范围内,且变色灵敏。在上述强碱滴定强酸的分析中,突跃范围是 4.30~9.70,酚酞(滴定至粉色)、甲基红(滴定至黄色)、甲基橙(滴定至黄色)等酸碱指示剂均可使用。

若用强酸滴定强碱,如 0.100 0 mol · L⁻¹ 的 HCl 滴定 20.00 ml 0.100 0 mol · L⁻¹ NaOH,滴定情况与强碱滴定强酸相似,但滴定曲线的形状与 NaOH 滴定 HCl 恰好相反,滴定过程中 pH 值的变化由大到小,滴定突跃范围为 9.70~4.30,可使用甲基红指示剂。酚酞及甲基橙不适用,原因是:酚酞的颜色变化是由红色变无色,不利于观察;甲基橙的变色范围为 3.1~4.4,发生变色时可能造成较大的滴定误差(图 7 - 3)。

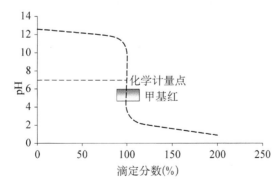

图 7 - 3　0.100 0 mol · L⁻¹ HCl 滴定 0.100 0 mol · L⁻¹
NaOH 的滴定曲线

滴定突跃范围会随着强酸碱的浓度变化而变化。若用 0.010 00 mol · L⁻¹,0.100 0 mol · L⁻¹,1.000 mol · L⁻¹ 3 种浓度的 NaOH 及 HCl 相互滴定,由图 7 - 4 可以看出,滴定的 pH 突跃范围分别为 5.30~8.70,4.30~9.70,3.30~10.70。可见,酸碱溶液的浓度越大,滴定突跃范围越大,可供选择的指示剂越多。

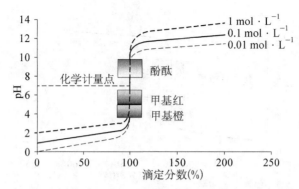

图 7－4 不同浓度 NaOH 滴定不同浓度 HCl 的滴定曲线

二、一元弱酸(碱)的滴定

以浓度为 $0.1000 \text{ mol} \cdot \text{L}^{-1}$ NaOH 滴定 20.00 ml 的 $0.1000 \text{ mol} \cdot \text{L}^{-1}$ HAc 为例,讨论滴定的过程中溶液 pH 值的变化:

$$OH^- + HAc \Longrightarrow Ac^- + H_2O$$

1. **滴定前** 溶液的组成为 HAc,溶液的 pH 值取决于 HAc 的起始浓度:

$$[H^+] = \sqrt{K_a c} = \sqrt{1.80 \times 10^{-5} \times 0.1000}$$
$$= 1.34 \times 10^{-3} (\text{mol} \cdot \text{L}^{-1})$$
$$pH = 2.87$$

2. **滴定开始至化学计量点前** 滴定开始,由于 NaOH 的滴入,溶液的组成为未反应的 HAc 及反应生成的 NaAc,它们形成 HAc～Ac^- 缓冲体系,其 pH 值可按下式进行计算:

$$pH = pK_a - \lg \frac{c_a}{c_b}$$

当滴入 19.98 mlNaOH 溶液时:

$$c_{HAc} = \frac{20.00 - 19.98}{20.00 + 19.98} \times 0.1000 = 5.00 \times 10^{-5} (\text{mol} \cdot \text{L}^{-1})$$

$$c_{Ac^-} = \frac{19.98}{20.00 + 19.98} \times 0.1000 = 5.0 \times 10^{-2} (\text{mol} \cdot \text{L}^{-1})$$

$$pH = 4.74 + \lg \frac{5.0 \times 10^{-2}}{5.00 \times 10^{-5}} = 7.74$$

3. **化学计量点时** HAc 与 NaOH 全部反应生成 NaAc(浓度为 $0.0500 \text{ mol} \cdot \text{L}^{-1}$),NaAc 为强碱弱酸盐,溶液 pH 值可按下式进行计算:

$$[OH^-] = \sqrt{c_{Ac^-} K_b} = \sqrt{0.0500 \times 5.6 \times 10^{-10}} = 5.29 \times 10^{-6} (\text{mol} \cdot \text{L}^{-1})$$
$$pOH = 5.28 \quad pH = 8.72$$

4. 化学计量点后　溶液由 NaAc 及过量的 NaOH 组成,与 NaOH 相比,NaAc 的碱性可忽略不计,溶液的 pH 值主要由过量的 NaOH 决定。当加入 NaoH 溶液 20.02 ml,溶液 pH 值为 9.70。

如此可计算出滴定过程中溶液的 pH 值变化,可得到表 7-8 的结果。

表 7-8　$0.100\ 0\ mol \cdot L^{-1}$ NaOH 滴定 20 ml $0.100\ 0\ mol \cdot L^{-1}$ HAc

加入标准 NaOH		剩余 HCl 溶液体积(ml)	过量 NaOH 溶液体积(ml)	pH 值
滴定分数(%)	V(ml)			
0.0	0.00	20.00		2.89
90.0	18.00	2.00		5.70
99.0	19.80	0.20		6.74
99.9	19.98	0.02		7.74
100.0	20.00	0.00		8.72(计量点)
100.1	20.02		0.02	9.70
101.0	20.20		0.20	10.70
110.0	22.00		2.00	11.70
200.0	40.00		20.00	12.50

由图 7-5 可见,化学计量点附近,溶液的 pH 值发生突跃,滴定突跃范围为 7.74~9.70(为碱性),可选择碱性指示剂酚酞、百里酚酞等来指示滴定终点。

注意:强碱滴定一元弱酸时滴定突跃范围的大小,与弱酸的离解常数 K_a 和浓度 c 有关。对于同一种弱酸,酸的浓度越大,滴定突跃范围也越大。当弱酸的浓度一定时,弱酸的 K_a 值越大,滴定突跃范围越大(图 7-6)。

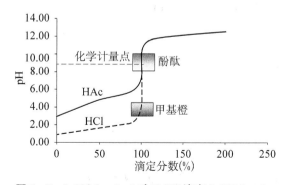

图 7-5　$0.100\ 0\ mol \cdot L^{-1}$ NaOH 滴定 $0.100\ 0\ mol \cdot L^{-1}$ HAc 的滴定曲线

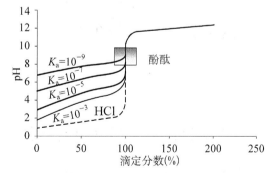

图 7-6　NaOH 溶液滴定不同弱酸的滴定曲线

一元弱酸准确滴定的条件是:$cK_a \geqslant 10^{-8}$。

强酸滴定一元弱碱的情况与强碱滴定一元弱酸的情况类似,如用 $0.100\ 0\ mol \cdot L^{-1}$ HCl 滴定 20.00 ml $0.100\ 0\ mol \cdot L^{-1}$ 氨水:

$$H^+ + NH_3 \longrightarrow NH_4^+$$

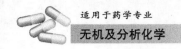

滴定曲线与 NaOH 滴定 HAc 的相似,但 pH 值变化的方向相反。化学计量点时显酸性（pH = 5.28），滴定突跃范围为 4.30～6.25,可选用酸性指示剂甲基红指示终点。

一元弱碱准确滴定的条件是:$cK_b \geqslant 10^{-8}$。

第七节 酸碱滴定液的配制与标定

在酸碱滴定法中常用于配制标准溶液的强酸、强碱为 HCl、NaOH,但其因不符合基准物质条件,只能采用间接法配制标准溶液,即先配制成近似浓度的溶液,再用基准物质标定。

一、HCl 标准溶液的配制与标定

市售浓盐酸,HCl 含量约为 37%,密度为 1.19 g·ml^{-1}。由于盐酸是挥发性液体,所以常采用间接法配制。

1. 配制 《中华人民共和国药典》规定 0.1 mol·L^{-1}盐酸滴定液的配制方法为:取盐酸 9.0 ml,加水适量,约为 1 000 ml,摇匀,待标定。

2. 标定 《中华人民共和国药典》规定标定盐酸滴定液的基准物为无水碳酸钠。《中华人民共和国药典》规定 0.1 mol·L^{-1}盐酸滴定液的标定:取在 270～300℃干燥至恒重的基准无水碳酸钠约 0.15 g,精密称定,加水约 50 ml 使溶解,加甲基红-溴甲酚绿混合指示剂 10 滴,用盐酸滴定液滴定至溶液由绿色转变为紫红色时,煮沸 2 min(除去二氧化碳),冷却至室温,继续滴定至溶液由绿色变为暗紫色为终点。

用碳酸钠作基准物标定盐酸的反应式为:

$$Na_2CO_3 + 2HCl = 2NaCl + CO_2 \uparrow + H_2O$$

盐酸滴定液的浓度计算如下:

$$c_{HCl} = \frac{2m_{Na_2CO_3}}{V_{HCl} \times M_{Na_2CO_3} \times 10^{-3}}$$

二、氢氧化钠标准溶液的配制与标定

NaOH 具有很强的吸湿性且容易吸收空气中的 CO_2,只能采用间接法配制标准溶液。

1. 配制 《中华人民共和国药典》规定氢氧化钠滴定液的配制方法为:取氢氧化钠适量,加水适量使成饱和溶液,冷却后,置聚乙烯塑料瓶中,静置数日,待澄清后备用。

0.1 mol·L^{-1}氢氧化钠滴定液的配制方法为:取澄清的氢氧化钠饱和溶液 5.6 ml,加新沸过的冷水使成 1 000 ml,摇匀,待标定。

2. 标定 《中华人民共和国药典》规定标定氢氧化钠滴定液的基准物为邻苯二甲酸氢钾。邻苯二甲酸氢钾容易制得纯品,不含结晶水,在空气中性质稳定,不吸潮,摩尔质量较

大,是较好的基准物质。使用前应在 $110\sim120℃$ 干燥 $2\sim3$ h。

《中华人民共和国药典》规定 0.1 mol·L^{-1} 氢氧化钠滴定液的标定:取在 $105℃$ 干燥至恒重的基准邻苯二甲酸氢钾约 0.6 g,精密称定,加新沸过的冷水 50 ml 振摇,使其尽量溶解;加酚酞指示液 2 滴,用本液滴定;在接近终点时应使邻苯二甲酸氢钾完全溶解,滴定至溶液显粉红色。

使用新沸过的冷水溶解基准物,是为了避免水中的 CO_2 对标定的影响。由于滴定的产物邻苯二甲酸氢钾为强碱弱酸盐,化学计量点溶液呈碱性(pH $=9.10$),故用酚酞作指示剂。

【案例 7-7】 精密称取基准物质邻苯二甲酸氢钾(KHP) 0.5225 g,标定 NaOH 溶液,终点时用去 NaOH 溶液 22.50 ml,求 NaOH 溶液的浓度(邻苯二甲酸氢钾的相对分子质量为 204.2)。

解:

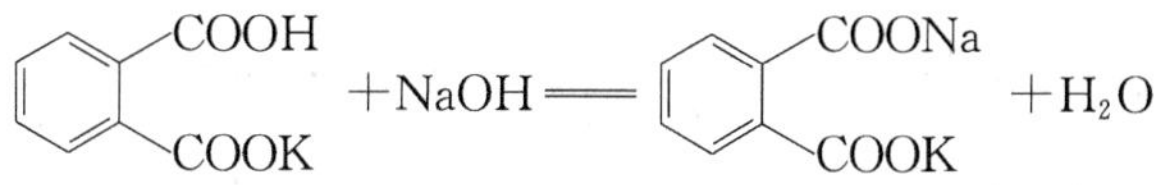

$$n_{KHP} = n_{NaOH}$$

$$c_{NaOH} \cdot V_{NaOH} = \frac{m_{KHP}}{M_{KHP}} \times 10^3$$

$$c_{NaOH} = \frac{m_{KHP}}{V_{NaOH} M_{KHP}} \times 10^3$$

$$c_{NaOH} = \frac{0.5225}{204.2 \times 22.50} \times 10^3 = 0.1137(mol \cdot L^{-1})$$

第八节 酸碱滴定法的应用

酸碱滴定法广泛用于酸性及碱性药物含量测定中。

一、水杨酸类药物的含量测定

水杨酸类药物的结构式如图 7-7 所示。

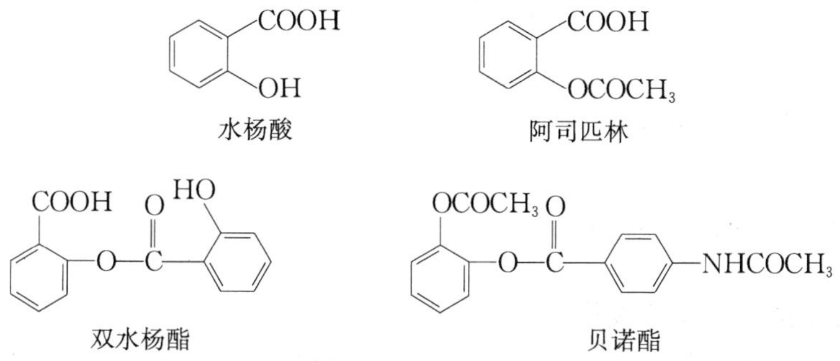

水杨酸   阿司匹林

双水杨酯   贝诺酯

图 7-7 水杨酸类药物的结构

水杨酸类药物是指以水杨酸为基本结构的一系列药物,其临床上常用做解热镇痛药。

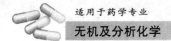

阿司匹林(乙酰水杨酸)是常用的解热镇痛药,含芳酸酯类结构,在水溶液中离解出 H^+,故可用 NaOH 滴定液直接滴定,以酚酞作指示剂。为了防止分子中酯结构水解,滴定反应在中性乙醇溶液中进行。直接滴定法适用于阿司匹林纯品的测定,而药片中一般都混有淀粉等不溶物,在冷乙醇中不易溶解完全,不宜直接滴定。

1. 根据化学反应方程式计算含量

【案例 7-8】 根据化学反应方程式进行计算。在分析天平上准确称取一含有阿司匹林原料药($C_9H_8O_4$,相对分子质量180.2)0.480 0 g,加中性稀乙醇溶解后,加酚酞指示剂 2 滴,用 $0.100\ 0\ mol \cdot L^{-1}$ NaOH 标准溶液滴定至粉红色时,消耗 NaOH24.12 ml。求该药品中阿司匹林的含量。

解:滴定反应如下:

$$n_{C_9H_8O_4} = n_{NaOH}$$

$$C_9H_8O_4\% = \frac{c_{NaOH}V_{NaOH}M_{C_9H_8O_4} \times 10^{-3}}{m_s} \times 100\%$$

$$= \frac{0.100\ 0 \times 24.12 \times 180.2}{0.480\ 0 \times 1\ 000} \times 100\%$$

$$= 90.6\%$$

该药品中阿司匹林的含量为 90.6%。

2. 根据滴定度计算含量

【案例 7-9】 根据滴定度进行计算。在分析天平上准确称取一含有阿司匹林原料药($C_9H_8O_4$,相对分子质量 180.2)0.480 0 g,加中性稀乙醇溶解后,加酚酞指示剂 2 滴,用 $0.100\ 0\ mol \cdot L^{-1}$ NaOH 标准溶液滴定至粉红色时,消耗 NaOH 24.12 ml。求该药品中阿司匹林的含量。每 1 ml NaOH 滴定液($0.1\ mol \cdot L^{-1}$)相当于 18.02 mg 的 $C_9H_8O_4$。

解:

$$C_9H_8O_4\% = \frac{V_{NaOH} \times T_{C_9H_8O_4/NaOH} \times F}{m_s \times 1\ 000} \times 100\%$$

$$= \frac{18.02 \times 24.12 \times \frac{0.100\ 0}{0.1}}{0.480\ 0 \times 1\ 000} \times 100\%$$

$$= 90.6\%$$

该药品中阿司匹林的含量 90.6%。

二、药用 $NaHCO_3$ 的含量测定

$NaHCO_3$ 在临床上用作抗酸药使用。

【案例 7-10】 取药用 $NaHCO_3$ 1.015 0 g,精密称定,加水约 50 ml 使溶解,加甲基红-溴甲酚绿混合指示剂 10 滴,用 $0.500\ 5\ mol \cdot L^{-1}$ 盐酸滴定液滴定至溶液由绿色转变为紫红色时,煮沸 2 min,冷却至室温,继续滴定至溶液由绿色变为暗紫色为终点,消耗 HCl 滴定液

20.05 ml。求该样品中 $NaHCO_3$ 的含量。每 1 ml HCl 滴定液（0.5 mol·L^{-1}）相当于 42.00 mg 的 $NaHCO_3$。

解：
$$HCl + NaHCO_3 == NaCl + H_2O + CO_2 \uparrow$$

$$NaHCO_3\% = \frac{V_{HCl} \times T_{NaHCO_3/HCl} \times F}{m_s \times 1\,000} \times 100\%$$

$$= \frac{42.00 \times 23.05 \times \dfrac{0.500\,5}{0.5}}{1.015 \times 1\,000} \times 100\%$$

$$= 95.5\%$$

该样品中 $NaHCO_3$ 的含量为 95.5%。

三、双指示剂法测定药用氢氧化钠的含量

氢氧化钠是常用的药用辅料，常用作 pH 调节剂。NaOH 易吸收空气中的 CO_2，形成 NaOH 与 Na_2CO_3 的混合碱，欲测定其各自的含量，可采用双指示剂法。

双指示剂法原理为：盐酸标准溶液滴定含 NaOH 与 Na_2CO_3 的混合碱时会产生两个差别较大的化学计量点，利用酚酞及甲基橙这两种指示剂在不同的化学计量点的颜色变化，分别指示两个滴定终点。

可分为两步反应，第 1 步（以酚酞为指示剂）反应式如下：

$$NaOH + HCl == NaCl + H_2O$$
$$Na_2CO_3 + HCl == NaCl + NaHCO_3$$

第 2 步（以甲基橙为指示剂）反应式如下：

$$NaHCO_3 + HCl == NaCl + H_2O + CO_2 \uparrow$$

现将双指示剂测定药用氢氧化钠含量的方法总结如图 7-8 所示。

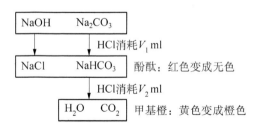

图 7-8　双指示剂测定药用氢氧化钠含量的方法

注：(1) 总碱量消耗盐酸的量：$V_1 + V_2$；NaOH 消耗盐酸的量：$V_1 - V_2$；Na_2CO_3 消耗盐酸的量：$2V_2$。

(2) $NaOH\% = \dfrac{c_{HCl}(V_1 - V_2)M_{NaOH} \times 10^{-3}}{m_S \times 10^{-3}} \times 100\%$。

(3) $Na_2CO_3\% = \dfrac{c_{HCl}V_2 M_{Na_2CO_3} \times 10^{-3}}{m_S} \times 100\%$。

四、药用醋酸的含量测定

醋酸是常用的药用辅料,常用作 pH 调节剂及缓冲剂等。

《中华人民共和国药典》规定药用醋酸的含量测定方法如下:用移液管移取 4.00 ml 醋酸溶液于锥形瓶中,加新沸过的冷水 40 ml 稀释后,加 3 滴酚酞指示剂。用 NaOH 滴定液（1 mol·L^{-1}）滴定至溶液显淡红色。

NaOH 滴定液滴定 HAc 的反应如下:

$$NaOH + HAc \Longrightarrow NaAc + H_2O$$

$$\rho_{HAc} = \frac{c_{NaOH} \cdot V_{NaOH} \cdot M_{HAc}}{Vs}$$

小 结

1. **酸碱质子理论** 凡是能给出质子的物质是酸;凡是能接受质子的物质是碱;既能给出质子,又能接受质子的物质是两性物质。

2. **相关计算**

离解度		$\alpha = \dfrac{\text{已离解的弱电解质浓度}}{\text{弱电解质的起始浓度}} \times 100\%$
水的离子积常数		$K_w = [H^+][OH^-]$
酸碱水溶液的 pH 计算	一元弱酸的 pH 计算	$[H^+] = \alpha = \sqrt{K_a c}\ (c_a K_a \geqslant 20K_w,\ c_a/K_a \geqslant 500$ 适用$)$
	一元弱碱的 pH 计算	$[OH^-] = c\alpha = \sqrt{K_b c}\ (c_b K_b \geqslant 20K_w,\ c_b/K_b \geqslant 500$ 适用$)$
	多元弱酸碱溶液的 pH 计算	按一元弱酸处理
盐类的水解	强碱弱酸盐	$[OH^-] = \sqrt{K_h c} = \sqrt{\dfrac{K_w c}{K_a}}$
	强酸弱碱盐	$[H^+] = \sqrt{K_h c} = \sqrt{\dfrac{K_w c}{K_b}}$
	强酸强碱盐	中性
	弱酸弱碱盐	当 $K_a \approx K_b$ 时,溶液近于中性 当 $K_a > K_b$ 时,则溶液为酸性 当 $K_a < K_b$ 时,则溶液为碱性
缓冲溶液的 pH 值	弱酸及其盐组成	$[H^+] = K_a \dfrac{c_a}{c_b}$
	弱碱及其盐组成	$[OH^-] = K_b \dfrac{c_a}{c_b}$

续　表

酸碱指示剂	变色范围	$pH = pK_{HIn} \pm 1$
	理论变色点	$pH = pK_{HIn}$

习 题

一、选择题

1. 下列各组酸碱对中,不属于共轭酸碱对的是

A．H_2^+Ac　HAc　　　　B．NH_3　NH_2^-　　　　C．HNO_3　NO_3^-

D．H_2SO_4　SO_4^{2-}　　E．H_2SO_4　HSO_4^-

2. 酚酞指示剂在酸性溶液中呈无色,当溶液由酸性变到碱性时,变为

A．黄色　　　B．红色　　　C．蓝色　　　D．无色　　　E．无变化

3. 下列物质中,哪一个是两性离子

A．CO_3^{2-}　　B．SO_4^{2-}　　C．HPO_4^{2-}　　D．PO_4^{3-}　　E．Cl^-

4. 配制 NaOH 滴定液需用煮沸的纯化水,其目的是

A．驱赶 O_2　　　　　B．为了降低反应速度　　　C．驱赶 CO_2

D．为了加快反应速度　　E．增加 NaOH 的溶解度

5. 标定 NaOH 滴定液最佳选用的基准物质是

A．无水 Na_2CO_3　　　B．邻苯二甲酸氢钾　　　C．硼砂

D．草酸钠　　　　　　E．醋酸

6. 关于指示剂的论述错误的是

A．指示剂的变色范围越窄越好　　　B．指示剂的用量应适当

C．只能用混合指示剂　　　　　　D．指示剂是有机弱酸碱

E．用于指示酸碱滴定终点

7. 用 $0.2000\ mol \cdot L^{-1}$ NaOH 溶液滴定 $20.00\ ml$ HCl 溶液,终点时消耗 $20.00\ ml$,则 HCl 溶液浓度为

A．$0.1000\ mol \cdot L^{-1}$　　B．$0.2000\ mol \cdot L^{-1}$　　C．$0.05000\ mol \cdot L^{-1}$

D．$0.4500\ mol \cdot L^{-1}$　　E．$0.1500\ mol \cdot L^{-1}$

8. 用于标定盐酸滴定液的基准物质是

A．CuO　　　B．$H_2C_2O_4$　　　C．$NaHCO_3$　　D．无水 Na_2CO_3　　E．K_2CrO_7

9. NaOH 滴定 HCl,以酚酞作指示剂,变色时 $pH = 8.0$ 时,会引起

A．偶然误差　　B．方法误差　　C．主观误差　　D．仪器误差　　E．试剂误差

10. 判断某一元弱酸能否被强碱直接准确滴定的依据是

A．$cK_a \geqslant 10^{-8}$　　B．$cK_a \leqslant 10^{-8}$　　C．$cK_a \geqslant 10^{-6}$　　D．$cK_a \leqslant 10^{-6}$　　E．$K_a \leqslant 10^{-4}$

11. 在酸碱滴定中,指示剂变色范围是

A．$pH = K_{(HIn)} \pm 1$　　　B．$pH = K_{(HIn)}$　　　C．$pH = pK_{(HIn)} \pm 2$

D．$pH = pK_{(HIn)}$　　　　E．$pH = pK_{(HIn)} \pm 1$

12. 用邻苯二甲酸氢钾标定 NaOH 时,将准确称量的基准物质转移时有部分损失,则标定出的 NaOH 的浓度会

A．偏高　　　B．偏低　　　C．不变　　　D．不确定　　　E．都不是

13. 某弱酸 HA 的 $K_a = 2 \times 10^{-5}$，则 A^- 的 K_b 为

    A. $1/2 \times 10^{-5}$ B. 5×10^{-3} C. 5×10^{-10} D. 2×10^{-5} E. 1×10^{-5}

14. 人体血液的 pH 值总是在 7.35~7.45 之间，这是由于

    A. 人体内含有大量的水分

    B. 血液中含有一定的 O_2

    C. 血液中的 HCO_3^- 和 H_2CO_3 起缓冲作用

    D. 新陈代谢出的酸碱物质是以等物质的量溶解在血液中

    E. 血液中含有一定的酶

15. 按质子理论，NaH_2PO_4 是

    A. 中性物质   B. 酸性物质   C. 碱性物质   D. 两性物质   E. 都不是

16. 用酸滴定液滴定某一可能含有 NaOH 或 Na_2CO_3 的碱液，若到酚酞褪色时，用去 V_1(ml)，继续以甲基橙为指示剂滴至橙色为终点，又用去 V_2(ml)，若 $V_1 > V_2 > 0$，则该碱液的组成为

    A. NaOH   B. Na_2CO_3 C. 不确定

    D. NaOH，Na_2CO_3 E. 都不是

二、名词解释

1. 滴定突跃   **2.** 滴定曲线

三、简答题

1. 根据质子理论，什么是酸？什么是碱？什么是两性物质？

2. 在 NaOH 标准溶液的标定过程中，为什么要采用煮沸冷却后的去离子水（蒸馏水）溶解稀释样品？

3. 简述酸碱指示剂的变色原理

四、计算题

1. 用邻苯二甲酸氢钾（相对分子质量 240.2）标定 NaOH 溶液，准确称取 0.747 6 g 邻苯二甲酸氢钾，用 NaOH 溶液滴定用去 20.00 ml，求 NaOH 溶液的物质的量浓度。

2. 用 $0.100\ 0\ mol \cdot L^{-1}$ HCl 滴定液滴定 1.241 2 g 不纯的 NaOH（相对分子质量 40）样品，完全中和需要 HCl 滴定 20.00 ml，则样品中 NaOH 的含量百分比是多少？

3. 用基准物质无水碳酸钠标定盐酸溶液，若无水碳酸钠的取样量为 0.106 0 g，消耗盐酸溶液 20.99 ml，试计算盐酸溶液物质的量浓度（$M_{Na_2CO_3} = 105.99$）。

4. 已知 HAc 的 $K_a = 1.8 \times 10^{-5}$，计算 Ac^- 的 K_b 值。

5. 计算 $0.10\ mol \cdot L^{-1}$ HAc 溶液的 pH（$K_a = 1.8 \times 10^{-5}$）。

6. 在分析天平上准确称取一含有阿司匹林原料药（$C_9H_8O_4$，相对分子质量为 180.2）0.584 2 g，加中性稀乙醇溶解后，加酚酞指示剂 2 滴，用 $0.105\ 2\ mol \cdot L^{-1}$ NaOH 标准溶液滴定至粉红色时，消耗 NaOH 18.12 ml。求该药品中阿司匹林的含量。

7. 取药用 $NaHCO_3$ 1.555 g，精密称定，加水约 50 ml 使溶解，加甲基红-溴甲酚绿混合指示剂 10 滴，用 $0.505\ 0\ mol \cdot L^{-1}$ 盐酸滴定液滴定至溶液由绿色转变为紫红色时，煮沸 2 min，冷却至室温，继续滴定至溶液由绿色变为暗紫色为终点，消耗 HCl 滴定液 15.00 ml。求该 $NaHCO_3$ 样品的含量［每毫升 HCl 滴定液（$0.5\ mol \cdot L^{-1}$）相当于 42.00 mg 的 $NaHCO_3$］。

第八章

氧化还原平衡与氧化还原滴定法

无·机·及·分·析·化·学

学习目标

1. 掌握氧化还原方程式的配平方法。
2. 掌握碘量法、高锰酸钾法滴定分析方法及主要操作注意事项。
3. 熟悉其他氧化还原滴定分析方法。

知识链接

氧化还原与药物

自然界中许多物质具有氧化还原特性,例如空气中的氧气具有氧化性,在燃烧时能氧化 C,H_2 等;很多药物也具有氧化还原特性,如临床上常用的过氧化氢(H_2O_2)就是利用其分解产生的氧的强氧化性而作为消毒剂使用;而具有醛基的药物都具有一定还原性,能被氧化,如链霉素、葡萄糖等;有醇羟基碳链上连有羧基、羟基、氨基的药物,易被氧化(如被空气氧化),如二羟丙茶碱(丙羟茶碱)、可的松、麻黄碱、肌醇、甘露醇等。

氧化还原反应是一类普遍存在的化学反应,以氧化还原反应为基础的滴定法称为氧化还原滴定法。

第一节 氧化还原的基本概念

一、氧化数

1970 年,国际纯粹与应用化学联合会(IUPAC)定义了氧化数的概念:氧化数(氧化值)是某元素 1 个原子的荷电数,这个荷电数是通过将成键电子指定给电负性更大的原子而求得的。确定氧化数的规则如下。

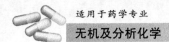
（1）单质中元素的氧化数为零,如 Fe,H_2,O_2 等物质中元素的氧化数为零。

（2）单原子离子中元素的氧化数等于离子所带电荷数,如 NaCl 中,Na 的氧化数为 +1,Cl 的氧化数为 -1。

（3）复杂离子中各元素的氧化数的代数和等于离子的电荷数。

（4）在中性分子中各元素的氧化数的代数和等于零。

（5）通常氢在化合物中的氧化数为 +1,但在活泼金属（ⅠA 和 ⅡA）氢化物中氢的氧化数为 -1。

（6）通常氧的氧化数为 -2,但在过氧化物（如 H_2O_2）中为 -1;在超氧化物（如 NaO_2）中为 -1/2;在臭氧化物（如 KO_3）中为 -1/3;在氟氧化物[（如 O_2F_2）或（OF_2）]中分别为 +1 及 +2。

（7）氟的氧化数皆为 -1。

（8）碱金属的氧化数为 +1。

（9）碱土金属的氧化数皆为 +2。

氧化数是为了说明物质的状态引入的一个人为规定的概念,可以是正数、负数、分数或小数。

【案例 8-1】 求硫代硫酸钠 $Na_2S_2O_3$ 和连四硫酸根 $S_4O_6^{2-}$ 中 S 的氧化数。

解:（1）设 $Na_2S_2O_3$ 中 S 的氧化效为 x_1,根据氧化数规则:

$$(+1) \times 2 + 2x_1 + (-2) \times 3 = 0$$

解得:$x_1 = +2$。

（2）设 $S_4O_6^{2-}$ 中 S 的氧化数为 x_2,根据氧化数规则:

$$4x_2 + (-2) \times 6 = -2$$

解得:$x_2 = +2.5$。

【案例 8-2】 试求 Fe_2O_3 中 Fe 的氧化数。

解:设 Fe 的氧化数为 x,根据氧化数规则:

$$2x + 3 \times (-2) = 0$$

解得:$x = +3$。

二、氧化还原反应

氧化还原反应是指氧化数发生变化的化学反应。

氧化还原反应的本质是电子发生转移。失去电子使元素氧化数升高的过程称为氧化,得到电子使元素氧化数降低的过程称为还原。氧化还原反应中氧化与还原过程是同时发生的,反应中元素氧化数升高的总数等于氧化数降低的总数。

氧化数的变化发生在不同物质不同元素上的反应称为一般氧化还原反应。例如:

$$2KMnO_4 + 5H_2O_2 + 3H_2SO_4 = 2MnSO_4 + K_2SO_4 + 5O_2 \uparrow + 8H_2O$$

氧化数的变化发生在同一物质不同元素上的反应称为自身氧化还原反应。例如:

$$2KClO_3 = 2KCl + 3O_2 \uparrow$$

氧化数的变化发生在同一物质同一元素上的反应称为歧化反应。例如：

$$Cl_2 + H_2O \Longrightarrow HClO + HCl$$

1. 氧化剂和还原剂　在氧化还原反应中,得到电子氧化数降低的物质是氧化剂(被还原);失去电子氧化数升高的物质是还原剂(被氧化)。

还原剂具有还原性,它能还原反应中其他物质,而本身在反应中被氧化,其反应产物称为氧化产物;氧化剂具有氧化性,它能氧化反应中其他物质,其本身在反应中被还原,它的反应产物称为还原产物。例如：

$$2KMnO_4 + 5H_2O_2 + 3H_2SO_4 \Longrightarrow 2MnSO_4 + K_2SO_4 + 5O_2\uparrow + 8H_2O$$

　　氧化剂　　还原剂　　介质　　　还原产物　　　　氧化产物

以上反应中,Mn 的氧化数从 $+7$ 降到 $+2$,$KMnO_4$ 是氧化剂,它本身被还原为 Mn^{2+}。O 的氧化数从 -1 升到 0,H_2O_2 是还原剂,它本身被氧化为 O_2。H_2SO_4 虽然参加了反应,但没有发生氧化数的变化,被称为介质。

2. 氧化还原电对　在氧化还原反应中,氧化剂与它的还原产物、还原剂与它的氧化产物组成的体系称为氧化还原电对,简称电对。

电对用"氧化态/还原态"的形式表示,氧化态指氧化数较大的形式,还原态指将氧化数较小的形式。例如：

$$Zn + Cu^{2+} \rightleftharpoons Zn^{2+} + Cu$$

以上氧化还原反应存在 Cu^{2+}/Cu,Zn^{2+}/Zn 2 个电对。每个电对都对应 1 个氧化还原半反应。氧化还原半反应可表示为：

$$氧化态 + ne \rightleftharpoons 还原态$$

以上氧化还原反应中,则存在 2 个半反应：

$$Cu^{2+} + 2e \rightleftharpoons Cu$$
$$Zn^{2+} + 2e \rightleftharpoons Zn$$

三、氧化还原反应方程式的配平——氧化数法

氧化法配平方程式的原则是:在氧化还原反应中,氧化剂氧化数降低的总数与还原剂氧化数升高的总数相等。

【案例 8-3】　配平 Cu_2S 与 HNO_3 反应的化学方程式。

解:(1) 写出未配平的反应式,并将有变化的氧化数注明在相应的元素符号的上方：

$$\overset{+1}{Cu_2}\overset{-2}{S} + H\overset{+5}{N}O_3 \longrightarrow \overset{+2}{Cu}(NO_3)_2 + H_2\overset{+6}{S}O_4 + \overset{+2}{N}O\uparrow$$

(2) 按最小公倍数的原则,对还原剂的氧化数升高值和氧化剂的氧化数降低值各乘以适当系数,使两者绝对值相等：

氧化数升高值 　　$\left.\begin{array}{l}Cu\quad 2[(+2)-(+1)]=+2 \\ S\quad (+6)-(-2)=+8\end{array}\right\} =+10\times 3=+30$

氧化数降低值 　　　N （＋2）－（＋5）＝－3×10＝－30

（3）将系数分别写入还原剂和氧化剂的化学式前边,并配平氧化数有变化的元素原子个数:

$$3Cu_2S + 10HNO_3 \longrightarrow 6Cu(NO_3)_2 + 3H_2SO_4 + 10NO\uparrow$$

（4）配平其他元素的原子数,必要时可加上适当数目的酸、碱及水分子。上式右边有 12 个未被还原的 NO_3^-,所以左边要增加 12 个 HNO_3,即:

$$3Cu_2S + 22HNO_3 \longrightarrow 6Cu(NO_3)_2 + 3H_2SO_4 + 10NO\uparrow$$

再检查氢原子和氧原子个数,显然在反应式右边应配上 $8H_2O$,两边各元素的原子数目相等后,把箭头改为等号,即:

$$3Cu_2S + 22HNO_3 == 6Cu(NO_3)_2 + 3H_2SO_4 + 10NO\uparrow + 8H_2O$$

第二节　电 极 电 势

一、原电池

原电池是将化学能转变成电能的装置。原电池的本质是自发的氧化还原反应。但与一般的氧化还原反应不同,其电子转移不是通过氧化剂和还原剂的直接反应完成,而是还原剂在负极上失电子发生氧化反应并将电子通过外电路输送到正极上,而氧化剂在正极上得电子发生还原反应,从而完成原电池上氧化剂和还原剂间的电子转移。

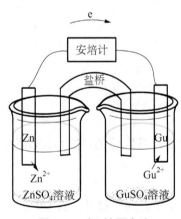

图 8-1　铜-锌原电池

以 Cu-Zn 原电池为例:将 Zn 片和 $ZnSO_4$ 溶液、Cu 片和 $CuSO_4$ 溶液分别放在 2 个烧杯内,两烧杯溶液间以盐桥连接,Zn 片与 Cu 片之间通过导线连接并串联一个检流计(图 8-1)。盐桥是一支倒置的 U 形管,其中装满饱和 KCl 溶液和琼脂,其作用是沟通两个半电池,保持溶液的电荷平衡,使反应能持续进行。当线路接通后,检流计的指针会立刻发生偏转,说明导线上有电流通过,即发生了氧化还原反应,同时,Zn 片慢慢溶解,Cu 片上有金属铜析出。

原电池是由 2 个半电池组成,每个半电池称为 1 个电极,原电池中向外电路输出电子的为负极(氧化反应),从外电路接受电子的为正极(还原反应)。由以上实验可以观察到指针偏转的方向由 Zn 电极(负极)流向 Cu 电极(正极)。在 Cu-Zn 原电池中发生了如下反应:

负极(氧化反应):$Zn - 2e \rightleftharpoons Zn^{2+}$

正极(还原反应):$Cu^{2+} + 2e \rightleftharpoons Cu$

电池反应（氧化还原反应）：$Zn + Cu^{2+} \rightleftharpoons Zn^{2+} + Cu$

二、电极电势

（一）电极电势

用导线连接铜锌原电池的 2 个电极有电流产生的事实表明，在两电极之间存在着一定的电势差，即在正极及负极上分别存在电极电势。德国化学家能斯特（H. W. Nernst）提出了双电层理论解释了电极电势的产生的原因。

以金属及其盐溶液组成的电极为例。把金属放入其盐溶液中时，在金属与其盐溶液的接触面上就会发生两个相反的过程：①金属表面处于热运动的离子在溶剂的吸引作用下，会离开金属表面进入溶液；②溶液中的金属离子受金属表面电子的吸引，会沉积在金属表面上。以上 2 个过程达到平衡时，在金属和溶液两相界面上形成了 1 个带相反电荷的双电层，由于双电层的存在，使金属与溶液之间产生了电势差，这个电势差叫做金属的电极电势。

（二）标准电极电势

物质的氧化型和还原型构成 1 个氧化还原电对，每个氧化还原电对氧化还原能力的大小可以用电极电势来衡量。电极电势的大小主要取决于电极材料的本性，同时还与溶液浓度、温度、介质等因素有关，可通过能斯特方程来计算。对于任何一个氧化还原电对：

$$a\text{Ox（氧化态）} + ne^- \rightleftharpoons b\text{Red（还原态）}$$

当达到平衡时，其电极电势以能斯特方程可表示为：

$$\varphi_{\text{Ox/Red}} = \varphi_{\text{Ox/Red}}^{\theta} + \frac{RT}{nF} \ln \frac{a_{\text{Ox}}{}^{a}}{a_{\text{Red}}{}^{b}}$$

式中：$\varphi_{\text{Ox/Red}}^{\theta}$ 为电对 Ox/Red 的标准电极电位；a_{Ox} 和 a_{Red} 分别为电对氧化态和还原态的活度；R 为气体常数（8.314 J·K^{-1} mol^{-1}）；T 为绝对温度（K）；F 为法拉第常数（96 485 C·mol^{-1}）；n 为电极反应中转移的电子数；a，b 为半反应式中各物质的计量系数。

于 25℃时，将以上有关常数代入式（8-1），并取常用对数，可得：

$$\varphi_{\text{Ox/Red}} = \varphi_{\text{Ox/Red}}^{\theta} + \frac{0.059}{n} \ln \frac{a_{\text{Ox}}{}^{a}}{a_{\text{Red}}{}^{b}}$$

标准电极电势是指在一定的温度下（通常为 25℃），当 $a_{\text{Ox}} = a_{\text{Red}} = 1 \text{ mol} \cdot L^{-1}$ 时的电极电势。

电对的电极电势越高，其氧化态的氧化能力越强；电对的电极电势越低，其还原态的还原能力越强。

（三）条件电极电势

能斯特方程的运用需要溶液中物质的活度，但实际情况下通常可知的是物质在溶液中的浓度而不是活度。因此，在简单计算中常常忽略溶液中离子强度的影响，用浓度值代替活度值进行能斯特方程的计算。但实际上，除了浓度极稀的情况，溶液中离子强度常是较大的，其影响不能忽略。同时，当溶液中的介质不同时，氧化态、还原态还会发生某些副反应影响电极电位，因此能斯特方程的计算还应考虑相应副反应的影响。

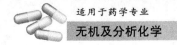

综合以上原因，为准确计算氧化还原电对的电极电势，引入条件电极电势的概念，将能斯特方程表示为：

$$\varphi_{Ox/Red} = \varphi^{\theta'}_{Ox/Red} + \frac{0.059}{n} \lg \frac{c_{Ox}^a}{c_{Red}^b}$$

$\varphi^{\theta}_{Ox/Red}$ 称为条件电极电位，它是在一定的介质条件下，氧化态和还原态的浓度均为 $1\ \mathrm{mol \cdot L^{-1}}$，且校正了各种外界因素影响后的实际的电极电位，由实验测得，一定条件下为一常数。

在进行氧化还原电极电势计算时，应采用与给定介质条件相同的条件电极电势；但目前条件电极电势数据相对较少，在缺乏该数值时，可采用介质条件相近的条件电极电位数据；对于没有相应条件电极电位的氧化还原电对，可采用标准电极电位。

【案例 8-4】 已知 $\varphi^{\theta}_{Fe^{3+}/Fe^{2+}} = 0.71\ \mathrm{V}$，当 $[Fe^{3+}] = 2.0\ \mathrm{mol \cdot L^{-1}}$，$[Fe^{2+}] = 0.000\ 2\ \mathrm{mol \cdot L^{-1}}$ 时，计算该电对的电极电位。

解：根据能斯特方程式得：

$$\varphi_{Fe^{3+}/Fe^{2+}} = \varphi^{\theta'}_{Fe^{3+}/Fe^{2+}} + \frac{0.059}{1} \lg \frac{[Fe^{3+}]}{[Fe^{2+}]}$$

则：

$$\varphi_{Fe^{3+}/Fe^{2+}} = \left(0.71 + 0.059 \lg \frac{2.0}{0.000\ 2}\right)\mathrm{V} = 0.94\ \mathrm{V}$$

（四）电极电势的应用

1. 比较氧化剂和还原剂的相对强弱 φ^{θ} 可用于判断标准态下氧化剂、还原剂氧化还原能力的相对强弱。φ^{θ} 值越大，对应电对中氧化态物质的氧化能力就越强，还原态物质的还原能力就越弱。φ^{θ} 值越小，对应电对中还原态物质的还原能力就越强，氧化态物质的氧化能力就越弱。但 φ^{θ} 值只能用于标准态下氧化剂、还原剂氧化还原能力的相对强弱的判断，对于非标准状态，应根据 Nernst 公式计算出电极电势值再进行比较。

【案例 8-5】 比较标准态下，下列电对物质氧化还原能力的相对大小：

$$\varphi^{\theta}_{Cl_2/Cl^-} = 1.36\ \mathrm{V};\quad \varphi^{\theta}_{Br_2/Br^-} = 1.07\ \mathrm{V};\quad \varphi^{\theta}_{I_2/I^-} = 0.53\ \mathrm{V}$$

解：由于 $\varphi^{\theta}_{Cl_2/Cl^-} > \varphi^{\theta}_{Br_2/Br^-} > \varphi^{\theta}_{I_2/I^-}$，可知：氧化态物质的氧化能力相对大小为：$Cl_2 > Br_2 > I_2$；还原态物质的还原能力相对大小为 $I^- > Br^- > Cl^-$。

2. 判断氧化还原反应进行的方向 大量事实表明，氧化还原反应自发进行的方向总是电极电势高的电对中的氧化型物质氧化电极电势低的电对中的还原型物质，即 φ^{θ} 值大的氧化态物质能氧化 φ^{θ} 值小的还原态物质。

【案例 8-6】 在标准状态下，$2Fe^{3+} + 2I^- \Longrightarrow 2Fe^{2+} + I_2$ 能否自发进行？

解：

$$Fe^{3+} + e \Longrightarrow Fe^{2+} \quad \varphi^{\theta}_{Fe^{3+}/Fe^{2+}} = 0.77\ \mathrm{V}$$

$$2I^- + 2e \Longrightarrow I_2 \quad \varphi^{\theta}_{I_2/I^-} = 0.53\ \mathrm{V}$$

$\varphi^{\theta}_{Fe^{3+}/Fe^{2+}} > \varphi^{\theta}_{I_2/I^-}$，反应能自发进行。

第三节 氧化还原滴定法的指示剂

氧化还原滴定法是以氧化还原反应为基础的滴定分析法。根据氧化剂不同,氧化还原滴定法的反应可分为高锰酸钾法、重铬酸钾法、碘量法、铈量法、溴酸盐法、亚硝酸钠法等。

氧化还原滴定法常用的指示剂主要有 3 类。

一、自身指示剂

在氧化还原滴定中,有些滴定剂液或待测组分氧化态及还原态本身颜色明显不同,则滴定时就无需另加指示剂,可利用其自身颜色的变化来指示滴定终点,称之为自身指示剂。

例如,高锰酸钾法中的滴定剂高锰酸钾本身具有很深的紫红色,而其还原产物 Mn^{2+} 无色。当用高锰酸钾来滴定本身及产物都很浅或无色的物质时,不必另加指示剂,滴定终点后稍过量的 MnO_4^- 就能使溶液呈现浅粉红色,指示滴定终点到达:

$$2KMnO_4(紫红色) + 5H_2O_2 + 3H_2SO_4 \rightleftharpoons 2MnSO_4(无色) + K_2SO_4 + 5O_2 \uparrow + 8H_2O$$

二、特殊指示剂

特殊指示剂是指那些本身不具有氧化还原性,不参与氧化还原反应,但能与氧化剂或还原剂本身或其产物作用产生特殊的颜色,从而指示滴定终点的物质。

例如,淀粉可与 I_2 可生成深蓝色的配合物,因此在碘量法中常用淀粉作指示剂,当 I_2 被还原为 I^- 时蓝色消失,当 I^- 被氧化为 I_2 时蓝色出现,根据蓝色的出现或消失来可用于终点到达的判断。

三、氧化还原指示剂

氧化还原指示剂本身是弱的氧化剂或还原剂,其氧化态和还原态颜色不同,其在滴定过程中由于氧化还原反应可实现其氧化态与还原态发生相互转换而导致溶液颜色变化,从而指示滴定终点。

例如,用 $K_2Cr_2O_7$ 滴定 Fe^{2+} 时,常用二苯胺磺酸钠为指示剂。二苯胺磺酸钠的还原态无色,当滴定至化学计量点时,稍过量的 $K_2Cr_2O_7$ 使二苯胺磺酸钠由还原态转变为氧化态,溶液显紫红色,因而指示滴定终点的到达:

$$二苯胺磺酸钠(无色) \underset{还原态}{\overset{氧化还原}{\rightleftharpoons}} 二苯联苯胺磺酸紫(紫色) \atop 氧化态$$

表 8-1　常用的氧化还原示剂及其配制

指示剂	颜色变化		配制方法
	还原态	氧化态	
邻苯氨基苯甲酸	无	紫红	0.11 g 指示剂溶于 20 ml 50 g·L⁻¹ Na₂CO₃ 溶液中,用水稀释至 100 ml
二苯胺磺酸钠	无	紫红	0.5 g 指示剂,2 g Na₂CO₃,加水稀释至 100 ml
次甲基蓝	无	蓝	0.5 g·L⁻¹水溶液
邻二氮菲亚铁	红	浅蓝	1.485 g 邻二氮菲、0.695 g FeSO₄·7H₂O,用水稀释至 100 ml

第四节　高锰酸钾法

一、基本原理

高锰酸钾法是以 $KMnO_4$ 作滴定剂的氧化还原滴定法。$KMnO_4$ 是强氧化剂,其氧化作用与溶液的酸碱度有关。

在强酸性溶液中其表现为强氧化剂,MnO_4^- 被还原为 Mn^{2+}:

$$MnO_4^- + 8H^+ + 5e \rightleftharpoons Mn^{2+} + 4H_2O$$

在中性、弱酸性溶液中,MnO_4^- 氧化性较弱,生成褐色的 $MnO_2·H_2O$ 沉淀:

$$MnO_4^- + 2H_2O + 3e \rightleftharpoons MnO_2 \downarrow + 4OH^-$$

在弱碱性溶液中,MnO_4^- 氧化性进一步减弱,生成粉红色 MnO_4^{2-}:

$$MnO_4^- + e \rightleftharpoons MnO_4^{2-}$$

由于 $KMnO_4$ 在强酸性溶液中的氧化能力强,生成的 Mn^{2+} 几乎无色,便于终点的观察,所以高锰酸钾法多在强酸性溶液中进行。高锰酸钾法的使用注意事项如下。

(1) 高锰酸钾法多在强酸性溶液中进行,酸度一般保持在 0.5~1 mol·L⁻¹ 范围。

(2) 调节酸度通常采用 H_2SO_4,应避免使用 HNO_3 及 HCl(容易与 $KMnO_4$ 发生氧化还原副反应)。

(3) 高锰酸钾法可用 $KMnO_4$ 作自身指示剂,滴定无色或浅色溶液时,一般不用另加指示剂。因为 $KMnO_4$ 本身为紫红色,还原为 Mn^{2+} 后红色褪去,计量点后,稍过量的 $KMnO_4$ 使溶液变成淡红色而指示出滴定终点。

(4) 当某些物质与 $KMnO_4$ 在常温下反应速度较慢时,可用加热的方法或加入 Mn^{2+} 作催化剂,以加快反应速度。但空气中易氧化或加热易分解的物质,如亚铁盐、过氧化氢等,则不能加热。

二、高锰酸钾法的滴定方式

$KMnO_4$ 氧化能力强,应用广泛,可直接或间接地测定多种物质,根据待测物质的性质,应用高锰酸钾法时,可选用不同的滴定方式。

1. **直接滴定法** 许多还原性物质,如 H_2O_2,Fe^{2+},$C_2O_4^{2-}$,As(Ⅲ),Sb(Ⅲ)等,可以用 $KMnO_4$ 滴定液直接滴定。例如:

$$2MnO_4^- + 5H_2O_2 + 6H^+ \rightleftharpoons 2Mn^{2+} + 5O_2\uparrow + 8H_2O$$

2. **返滴定法** 有些氧化性的物质不能用 $KMnO_4$ 滴定液直接滴定,可采用返滴定法进行滴定。

例如,测定 MnO_2 的含量时,可在 H_2SO_4 酸性条件下,加入准确过量的 $Na_2C_2O_4$ 溶液,待 MnO_2 与 $C_2O_4^{2-}$ 作用完后,再用 $KMnO_4$ 滴定液滴定剩余的 $C_2O_4^{2-}$,从而求出 MnO_2 的含量。

3. **间接滴定法** 某些非氧化还原性物质,不能用 $KMnO_4$ 滴定液直接滴定,但其能与另一氧化剂或还原剂定量反应,可采用间接滴定法进行滴定。

例如,测定 Ca^{2+} 的含量时,可先将 Ca^{2+} 沉淀为 CaC_2O_4,过滤,洗涤后用稀硫酸将所得沉淀溶解,然后用 $KMnO_4$ 滴定液滴定溶液中的 $H_2C_2O_4$,以间接求得 Ca^{2+} 的含量:

$$Ca^{2+} + C_2O_4^{2-} \rightleftharpoons CaC_2O_4\downarrow$$
$$CaC_2O_4 + 2H^+ \rightleftharpoons H_2C_2O_4 + Ca^{2+}$$
$$2MnO_4^- + 5H_2C_2O_4 + 16H^+ \rightleftharpoons 2Mn^{2+} + 10CO_2\uparrow + 8H_2O$$

三、滴定液的配制与标定

1. **高锰酸钾滴定液的配制** 由于市售 $KMnO_4$ 试剂中常含有少量的 MnO_2 及其他杂质,纯化水中含有微量的还原性物质也能慢慢地还原 $KMnO_4$,因此,高锰酸钾滴定液的配制通常采用间接配制法。

配制方法如下(以配制 $0.02\ mol \cdot L^{-1}$ 的 $KMnO_4$ 滴定液为例):取 $KMnO_4$ 3.2 g,加水 1 000 ml,煮沸 15 min,密塞,静置 2~3 d,用垂熔玻璃滤器过滤,摇匀。配制时应注意的问题如下。

(1) $KMnO_4$ 的称取量应稍多于理论计算量。

(2) 配制好的 $KMnO_4$ 溶液应加热微沸 1 h 并放置 2~3 d 以上,从而使还原性杂质反应完全,以免储存过程中溶液浓度改变。

(3) 过滤除去沉淀时应用垂熔玻璃滤器。

(4) 过滤后的 $KMnO_4$ 溶液贮存于带玻璃塞的棕色瓶中,密闭暗处保存,从而避免光对 $KMnO_4$ 溶液的催化分解作用。

2. **$KMnO_4$ 溶液的标定** 标定 $KMnO_4$ 溶液的基准物质有许多,如 $H_2C_2O_4 \cdot 2H_2O$,$Na_2C_2O_4$,As_2O_3,$(NH_4)_2Fe(SO_4)_2 \cdot 6H_2O$ 和 Fe 等,其中 $Na_2C_2O_4$ 因不含结晶水,性质稳定,容易提纯,较为常用。其标定反应如下:

$$2MnO_4^- + 5C_2O_4^{2-} + 16H^+ \rightleftharpoons 2Mn^{2+} + 10CO_2\uparrow + 8H_2O$$

标定注意事项如下。

（1）酸度：在硫酸酸性溶液中进行，其浓度为 $0.5\sim1$ mol·L^{-1}。酸度不足，易生成 MnO_2 沉淀；酸度过高，又会促使 $KMnO_4$ 分解。

（2）温度：在室温下此反应进行较缓慢，因此通常采用一次性加入大部分 $KMnO_4$ 溶液，接近终点时加热至 65℃，从而促使反应加速进行。温度不宜过高，否则会引起 $H_2C_2O_4$ 分解。

（3）滴定速度：开始滴定时因反应速度慢，滴定速度不宜太快，滴入的第一滴 $KMnO_4$ 溶液退色后，可生成 Mn^{2+}。由于 Mn^{2+} 对该反应具有自身催化作用，反应逐渐加快，此时滴定速度可加快些，但也不能太快（仍需逐滴加入），否则 $KMnO_4$ 来不及与 $C_2O_4^{2-}$ 反应，就在热的酸性溶液中分解了。近终点时，应降低滴定速度，以免影响标定的准确度。反应式如下：

$$4MnO_4^- + 12H^+ = 4Mn^{2+} + 5O_2\uparrow + 6H_2O$$

（4）滴定终点：$KMnO_4$ 可作自身指示剂指示终点。但由于空气中的还原性气体和灰尘都能与 MnO_4^- 缓慢作用，使 MnO_4^- 还原，因此，$KMnO_4$ 溶液滴定至终点后出现的浅红色会逐渐消失，所以滴定时溶液中出现的浅红色经 30 s 内不褪色，便可认定已达滴定终点。

【案例 8-7】 取市售过氧化氢 3.00 ml 稀释定容至 250.0 ml，从中取出 20.00 ml 试液，需用 0.040 00 mol·L^{-1} 的 $KMnO_4$ 21.18 ml 滴定至终点。计算每 100.0 ml 市售过氧化氢所含 H_2O_2 的质量。

解：在酸性溶液中，H_2O_2 能还原 MnO_4^-，其反应为：

$$2MnO_4^- + 5H_2O_2 + 6H^+ = 2Mn^{2+} + 5O_2\uparrow + 8H_2O$$

$$\rho_{H_2O_2} = \frac{\frac{5}{2}c_{KMnO_4}V_{KMnO_4}M_{H_2O_2}}{V_{H_2O_2}}$$

$$= \frac{\frac{5}{2}\times0.040\,00\times21.18\times34\times10^{-3}}{\frac{3\times20}{250}} = 0.3\text{ g·ml}^{-1}$$

$$= 30\text{ g·100 ml}^{-1}$$

第五节 亚硝酸钠法

一、基本原理

亚硝酸钠法是以 $NaNO_2$ 为滴定液，测定芳香族伯胺和芳香族仲胺类化合物的氧化还原滴定法。

用 $NaNO_2$ 滴定液滴定芳伯胺类化合物的方法称为重氮化滴定法，该法最为常用：

$$Ar—NH_2 + NaNO_2 + 2HCl \rightleftharpoons [Ar—N\equiv N]Cl + NaCl + 2H_2O$$

用 $NaNO_2$ 滴定液滴定芳仲胺类化合物的方法称为亚硝基化滴定法：

$$\underset{R}{\overset{Ar}{\diagdown}}NH + NaNO_2 + HCl \rightleftharpoons \underset{R}{\overset{Ar}{\diagdown}}N\!-\!NO + NaCl + H_2O$$

滴定时应注意下列事项。

1. **酸的种类和浓度**　酸的种类会影响重氮化滴定法的滴定速度,由于芳伯胺盐酸盐溶解度大,且在 HCl 中重氮化较快,故常用 HCl。同时,重氮化滴定酸度需适宜,一般控制在 $1\ mol \cdot L^{-1}$ 的酸度下进行,酸度过高,会阻碍芳伯胺的游离,酸度不足,生成的重氮盐不仅容易分解,还易与未反应的芳伯胺发生偶联反应。

2. **滴定温度**　温度升高,重氮化反应加快,同时也会使生成的亚硝酸分解和逸失。实验证明,温度在 15℃ 以下较为合适。

3. **滴定速度**　重氮化反应速度较慢,需在不断搅拌下进行。为加快反应速度,我国药典规定采用"快速滴定法"进行,具体操作为:将滴定管尖插入液面下大约 2/3 处,将大部分滴定液在不断搅拌下迅速滴入至近终点,再将管尖提出液面,继续缓缓滴定至终点。该操作在缩短滴定时间的同时,保证反应完全。

4. **苯环上取代基团的影响**　芳伯胺对位有其他取代基团存在时,会影响重氮化反应的速度。一般来说,亲电子基团,如—X,—COOH,—NO_2,—SO_3H 等,能使反应加速;斥电子基团,如—CH,—OH,—OR 等,能使反应减慢。对于反应较慢的药物,常在滴定液中加入适量的 KBr 作催化剂,以提高反应速度。

根据《中华人民共和国药典》(2010 年版)规定,亚硝酸钠法应采用永停滴定法确定终点。

二、亚硝酸钠标准溶液的配制与标定

1. **配制**　亚硝酸钠溶液在 pH = 10 左右最稳定,因此配制亚硝酸钠溶液常加入少量碳酸钠作稳定剂。

2. **标定**　亚硝酸钠溶液的标定常用基准物质氨基苯磺酸。对氨基苯磺酸难溶于水,先用氨水溶解后,再加盐酸使其成为对氨基苯磺酸盐酸盐,再用"快速滴定法"经重氮化反应滴定亚硝酸钠溶液。标定反应如下:

$$HO_3S\!-\!\!\!\bigcirc\!\!\!-NH_2 + NaNO_2 + 2HCl \rightleftharpoons \left[HO_3S\!-\!\!\!\bigcirc\!\!\!-\overset{+}{N}\!\!=\!\!N\right]\overset{-}{C}l + NaCl + 2H_2O$$

亚硝酸钠溶液见光易分解,应贮存于带玻璃塞的棕色瓶中,密闭保存。

三、应用与示例

重氮化滴定法主要用于测定具有芳伯胺结构的药物,如盐酸普鲁卡因、盐酸普鲁卡因胺和磺胺类药物等。以盐酸普鲁卡因为例,反应式如下:

$$\underset{\bigcirc}{COOCH_2CH_2N(C_2H_5)_2 \cdot Cl} + NaNO_2 + HCl \rightleftharpoons \underset{\bigcirc}{CHOOCH_2CH_2N(C_2H_5)_2} \!-\! N_2^+ \cdot Cl^- + NaCl + 2H_2O$$

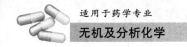

第六节　碘　量　法

一、基本原理

碘量法是用 I_2 作氧化剂或用 I^- 作还原剂的滴定方法。其半反应式为：

$$I_2 + 2e \rightleftharpoons 2I^- \qquad \varphi_{I_2/I^-} = +0.534\ 5\ V$$

由 φ^θ 值可知，I_2 是一较弱的氧化剂，能与较强的还原剂（如 $S_2O_3^{2-}$，SO_3^{2-}，Sn^{2+}，维生素 C 等）作用；而 I^- 是一中等强度的还原剂，能被许多氧化剂（如 MnO_4^-，$Cr_2O_7^{2-}$，Cu^{2+}，IO_3^-，BrO_3^-，H_2O_2 等）定量氧化。因此，可以用 I_2 作氧化剂，直接滴定还原性较强的物质，称为直接碘量法；也可以用氧化性物质定量氧化 I^-，析出的 I_2 用还原剂 $Na_2S_2O_3$ 滴定液滴定，以间接测定氧化性物质，称为间接碘量法。

1. **直接碘量法**　用 I_2 作氧化剂直接滴定还原性较强的方法物质的称为直接碘量法（又称为碘滴定法）。I_2 是一较弱的氧化剂，凡是电极电位比 φ_{I_2/I^-} 低的强还原性物质（如 $S_2O_3^{2-}$，SO_3^{2-}，Sn^{2+}，维生素 C 等），可用碘滴定液直接滴定。例如，SO_2 被水吸收形成 H_2SO_3 可用 I_2 标准溶液滴定：

$$SO_2 + H_2O \rightleftharpoons H_2SO_3$$
$$H_2SO_3 + I_2 + H_2O \rightleftharpoons 2HI + H_2SO_4$$

注意事项如下。

（1）直接碘量法应在酸性、中性或弱碱性溶液中进行。碱性过高（$pH > 9$）会发生下列副反应：

$$3I_2 + 6OH^- \rightleftharpoons IO_3^- + 5I^- + 3H_2O$$

（2）直接碘量法的应用受到一定的限制，只能滴定还原性较强的物质。

2. **间接碘量法**　用待测氧化性物质定量氧化 I^-，析出的 I_2 用还原剂 $Na_2S_2O_3$ 滴定液滴定，以间接测定氧化性物质含量的方法，称为间接碘量法（又称为滴定碘法）。I^- 是一中等强度的还原剂，电极电位比 φ_{I_2/I^-} 高的氧化性物质（如 MnO_4^-，$Cr_2O_7^{2-}$，Cu^{2+}，IO_3^-，BrO_3^-，H_2O_2 等）能将 I^- 定量氧化。

例如，待测物 $KMnO_4$ 在酸性溶液中与过量的 KI 反应，析出的 I_2 可用 $Na_2S_2O_3$ 标准溶液滴定后求算 $KMnO_4$ 的含量：

$$2MnO_4^- + 10I^- + 16H^+ \rightleftharpoons 2Mn^{2+} + 5I_2 + 8H_2O$$
$$I_2 + 2S_2O_3^{2-} \rightleftharpoons 2I^- + S_4O_6^{2-}$$

注意事项如下。

（1）间接碘量法需在中性或弱酸性溶液中进行。碱性条件下会发生下列副反应：

$$S_2O_3^{2-} + 4I_2 + 10OH^- \Longrightarrow 2SO_4^{2-} + 8I^- + 5H_2O$$

(2) 强酸性条件下中，$Na_2S_2O_3$ 溶液容易分解，I^- 易被空气中的 O_2 氧化：

$$S_2O_3^{2-} + 2H^+ \Longrightarrow SO_2\uparrow + S\downarrow + H_2O$$
$$4I^- + O_2 + 4H^+ \Longrightarrow 2I_2 + 2H_2O$$

3. 碘量法误差来源及减免方法

(1) 碘量法误差主要来源：①I_2 具有挥发性；②I^- 在酸性溶液中易被空气中的氧氧化。

(2) 防止 I_2 挥发的措施：①加入过量的 KI(比理论量大 2～3 倍)，以增大 I_2 的溶解度；②在室温下进行，以减少温度过高造成的 I_2 挥发；③在碘量瓶中进行滴定，以减少 I_2 的挥发。

(3) 防止 I^- 离子被空气中的 O_2 氧化的措施：①降低溶液酸度；②避免阳光直射，以减少光照对空气中的氧对 I^- 的氧化加速作用；③准备工作结束后立即滴定，以减少 I^- 与空气的接触。

二、指示剂

碘量法采用淀粉作指示剂。碘液中的 I_2 浓度达到 10^{-5} mol·L^{-1} 时能被淀粉指示剂吸附而显蓝色。直接碘量法，在酸度不高的情况下，可在滴定前加入淀粉指示剂，终点时蓝色出现；间接碘量法，在近终点时加入淀粉指示剂，以防大量的碘被淀粉牢固吸附而使终点时蓝色不易褪去产生误差，终点时蓝色消失。

三、滴定液的配制与标定

(一) 碘滴定液的配制与标定

1. **配制**　纯碘具有挥发性和腐蚀性，采用间接法配制碘滴定液。《中华人民共和国药典》(2010 年版)规定配制 0.05 mol·L^{-1} 的碘滴定液的方法如下：取碘 13.0 g，加 KI 36 g 与 50 ml 水溶解后，加盐酸 3 滴后用水定容至 1 000 ml，摇匀，用垂熔玻璃滤器滤过。

注意事项如下。

(1) 碘在水中的溶解度小且易挥发。碘液配制时常将碘溶解在碘化钾溶液中，使生成 I_3^-，在助溶的同时减少 I_2 的挥发。

(2) 配制碘液时加入少量盐酸溶液以除去碘中微量碘酸盐杂质。

(3) 配制好的溶液需用垂熔玻璃滤器滤过，以除去未溶解的碘。

(4) 碘滴定液应装在棕色瓶于暗处保存，以减少 I_2 遇热易挥发及日光促进的 I^- 氧化。

(5) 碘滴定液具腐蚀性，储存时应避免使用橡皮塞、软木塞。

2. **标定**　(1) As_2O_3 标定。标定碘滴定液常用 As_2O_3(三氧化二砷，砒霜，剧毒)作基准物质。As_2O_3 难溶于水，而易溶于碱液中，故先将其溶于 NaOH 溶液中生成亚砷酸钠；采用硫酸中和过量的 NaOH 后，加入 $NaHCO_3$ 使溶液呈弱碱性(pH 约为 8)，再用 I_2 与 AsO_3^{3-} 进行滴定反应。其反应如下：

$$As_2O_3 + 6NaOH = 2Na_3AsO_3 + 3H_2O$$
$$Na_2AsO_3 + I_2 + 2NaHCO_3 = Na_2AsO_4 + 2NaI + 2CO_2\uparrow + H_2O$$

(2) $Na_2S_2O_3$ 标准溶液浓度比较标定。操作如下：精密量取碘滴定液 25 ml 置碘量瓶中，加水 100 ml 与盐酸溶液(9→1 000)1 ml,轻摇混匀,用硫代硫酸钠滴定液(0.1 mol·L^{-1})滴定至近终点时,加淀粉指示液 2 ml,继续滴定至蓝色消失。

(二) 硫代硫酸钠溶液的配制与标定

1. 配制　硫代硫酸钠晶体易风化、潮解、含少量杂质,且溶液中 $Na_2S_2O_3$ 不稳定,易与水中的 CO_2 及氧气作用、易被水中的微生物分解,因此不能用直接法配制,只能采用间接配制法。注意事项如下。

(1) $Na_2S_2O_3$ 溶液配制应使用新煮沸并冷却的纯化水,并加入少量的 Na_2CO_3 使溶液呈碱性,以减少溶解在水中的 O_2 和 CO_2,杀死嗜硫细菌。

(2) 制好的 $Na_2S_2O_3$ 溶液应贮于棕色瓶于暗处放置一两周后再标定。

(3) 长期保存的溶液,在使用时应重新标定。

2. 标定　标定硫代硫酸钠溶液常用 $K_2Cr_2O_7$ 作基准物。反应如下：

$$Cr_2O_7^{2-} + 6I^- + 14H^+ \longrightarrow 2Cr^{3+} + 3I_2 + 7H_2O$$
$$I_2 + 2S_2O_3^{2-} \longrightarrow 2I^- + S_4O_6^{2-}$$

注意事项如下。

(1) 酸度一般以 0.4 mol·L^{-1} 为宜:酸度太低,反应速度慢;酸度太高,I$^-$ 易被空气中的 O_2 氧化。

(2) 加入过量 KI 以加快 $K_2Cr_2O_7$ 与 KI 的反应速度,并将反应物置于碘量瓶中水封,于暗处放置 10 min,使反应完全后再进行滴定。

(3) 滴定前将溶液稀释,在降低溶液酸度减慢 I$^-$ 被空气氧化速度、减弱 $Na_2S_2O_3$ 的分解作用的同时,使 Cr^{3+} 亮绿色随其浓度降低变浅,减少对终点观察的影响。

(4) 近终点时加入指示剂以防止大量碘被淀粉吸附使终点延后。

(5) 终点判断:滴定至终点后出现回蓝(几分钟后),可认为是由空气氧化 I$^-$ 所引起,不影响标定结果;如果溶液迅速回蓝,说明 $K_2Cr_2O_7$ 与 KI 的反应不完全,应重新标定。

四、应用与示例

碘量法的应用范围广泛,用直接碘量法可测定强还原性物质,如硫化物、亚硫酸盐、亚砷酸盐、硫代硫酸钠、乙酰半胱氨酸、酒石酸锑钾和维生素 C 等。用间接碘量法的返滴定方式可以测定焦亚硫酸钠、咖啡因和葡萄糖等还原性物质;用置换滴定方式可以测定漂白粉、枸橼酸铁铵、葡萄糖酸锑钠等。

1. 维生素 C 的含量测定　维生素 C($C_6H_8O_6$, 171.62)又称抗坏血酸。维生素 C 分子中的烯二醇基具有较强的还原性,能被碘定量地氧化成二酮基。其反应如下：

维生素 C 含量的测定方法是:准确称取含维生素 C 试样,溶解在新煮沸且冷却的蒸馏水中,以 HAc 酸化,加入淀粉指示剂,迅速用 I_2 标准溶液滴定至终点即显稳定的蓝色。注意事项如下。

(1) 维生素 C 在碱性条件下易氧化,因此滴定时可加入 HAc 使溶液呈弱酸性。

(2) 维生素 C 在空气中易氧化,因此样品制备好后应立即滴定。

(3) 维生素 C 溶解需采用事先煮沸的蒸馏水以除去水中溶解的氧。

【案例 8-8】　称取维生素 C 样品 0.202 5 g,加新沸过的冷水 100 ml 与稀醋酸 10 ml 使溶解,加淀粉指示液 1 ml,立即用碘滴定液(0.050 16 mol·L^{-1})滴定,至溶液显蓝色并在 30 秒内不褪色,消耗 22.36 ml。每毫升碘滴定液(0.050 mol·L^{-1})相当于 8.806 mg 的维生素 C(分子式:$C_6H_8O_6$)。求维生素 C 的含量。

解:

$$\varphi_{维生素C} = \frac{V_{I_2} \times T_{维生素C/I_2} \times F}{m_s} \times 100\%$$

$$= \frac{8.806 \times 22.36 \times \dfrac{0.050\ 16}{0.050}}{0.202\ 5 \times 1\ 000} \times 100\%$$

$$= 97.5\%$$

得出:维生素 C 的含量为 97.5%。

常用氧化还原滴定方法		滴定液	指示终点方法
高锰酸钾法		$KMnO_4$ 滴定液	自身指示剂(高锰酸钾)
亚硝酸钠法		$NaNO_2$ 滴定液	永停滴定法
碘量法	直接碘量法	碘滴定液	淀粉指示剂
	间接碘量法	硫代硫酸钠滴定液	

一、选择题

1. 电极电位不能判断

 A．氧化还原反应的次序   B．氧化还原的完全程度

 C．氧化还原反应的速率   D．氧化还原反应的方向

 E．比较氧化剂和还原剂的相对强弱

2. 常用于标定 $KMnO_4$ 滴定液的基准物质是

 A．$Na_2C_2O_4$ B．$K_2Cr_2O_7$ C．H_2O_2 D．I_2 E．$Na_2S_2O_3$

3. 标定 $KMnO_4$ 溶液滴定应

 A．开始时缓慢,以后逐步加快,近终点时又减慢滴定速度

B．始终缓慢进行

C．开始时快,然后减慢

D．快速进行

E．不一定

4. 在直接碘量法中,加入淀粉指示剂的适宜时间是

A．滴定开始前　　B．滴定近一半时　　C．滴定近终点时　　D．滴定结束后　　E．不一定

5. 在间接碘量法中,加入淀粉指示剂的适宜时间是

A．滴定开始前　　B．滴定近一半时　　C．滴定近终点时　　D．滴定结束后　　E．不一定

6. 碘量法中使用碘量瓶的目的是

A．防止碘的挥发　　　　　　B．帮助碘与空气接触　　　　　　C．防止溶液溅出

D．防止碘液的酸化　　　　　E．都不是

7. 下列有关碘量法不正确的是

A．在直接碘量法中,淀粉必须在近终点时加入

B．在直接碘量法中,淀粉必须在滴定前加入

C．在间接碘量法中,淀粉必须在近终点时加入

D．加入过量 KI

E．都不对

8. $KMnO_4$ 标定时,第 1 滴 $KMnO_4$ 溶液退色很慢,以后就逐渐变快,原因是

A．反应产生 Mn^{2+} ,其为反应催化剂　　B．反应温度升高,加快了反应速率

C．反应产热　　　　　　　　　　　　　D．反应吸收热

E．都不对

9. $KMnO_4$ 在酸性溶液中的还原产物是

A．MnO_2　　　　B．MnO_4^-　　　　C．MnO_4^{2-}　　　　D．Mn^{2+}　　　　E．Mn

10. $KMnO_4$ 在近中性溶液中的还原产物是

A．MnO_2　　　　B．MnO_4^-　　　　C．MnO_4^{2-}　　　　D．Mn^{2+}　　　　E．Mn

11. $KMnO_4$ 在强碱性溶液中的还原产物是

A．MnO_2　　　　B．MnO_4^-　　　　C．MnO_4^{2-}　　　　D．Mn^{2+}　　　　E．Mn

12. 法滴定溶液的常用酸碱条件是 $KMnO_4$ 滴定亚铁离子时,不使用 HCl 来调解酸度的原因是

A．盐酸不常见　　　　　　　B．HCl 起催化作用

C．Cl^- 会和 $KMnO_4$ 产生副反应　　D．HCl 酸性不足

E．以上均不正确

13. 直接碘量法中,滴定终点为

A．蓝色出现　　B．蓝色消失　　C．红色出现　　D．红色消失　　E．无现象

14. 间接碘量法中,滴定终点为

A．蓝色出现　　B．蓝色消失　　C．红色出现　　D．红色消失　　E．无现象

15. 高锰酸钾法常用的酸性介质是

A．HNO_3　　　　B．HCl　　　　C．H_2SO_4　　　　D．HAc　　　　E．HBr

二、简答题

1. 简述碘量法的主要误差来源及怎样减少误差?

2. 自身指示剂如何指示氧化还原滴定终点?举一例说明。

3. 应用间接碘量法进行滴定,淀粉指示剂应在什么时候加入,为什么?

三、计算题

1. 精密称取 0.165 5 g 基准物质 $K_2Cr_2O_7$（相对分子质量 294.19），溶解后加酸酸化，加足量 KI，用 $Na_2S_2O_3$ 溶液滴定，消耗 26.14 ml，计算 $Na_2S_2O_3$ 溶液的浓度。

2. 精密量取过氧化氢样品 H_2O_2 溶液 10.00 ml 置于 100.0 ml 容量瓶中，稀释至刻度，混匀。再精密吸取 25.00 ml，加硫酸酸化后用 0.015 67 mol·L^{-1} KMnO$_4$ 标准溶液滴定，消耗 25.76 ml，计算试样中 H_2O_2 的含量。

3. 称取维生素 C 样品 0.353 5 g，加新沸过的冷水 100 ml 与稀醋酸 10 ml 使溶解，加淀粉指示液 1 ml，立即用碘滴定液（0.055 45 mol·L^{-1}）滴定，至溶液显蓝色并在 30 秒内不褪色，消耗 25.36 ml。每毫升碘滴定液（0.050 mol·L^{-1}）相当于 8.806 mg 的维生素 C（分子式：$C_6H_8O_6$）。求维生素 C 的含量。

4. 测定碘酊中碘的含量，精密量取该样品 10.00 ml，用 $Na_2S_2O_3$ 溶液（0.110 2 mol·L^{-1}）滴定至溶液无色时，消耗 25.29 ml。试问：该样品是否符合含碘 1.80%～2.20%（g·ml^{-1}）的规定？

第九章

配位平衡与配位滴定法

无·机·及·分·析·化·学

1. 熟悉配合物组成及命名方法
2. 掌握 EDTA 及其配合物的特点
3. 掌握 EDTA 标准溶液的配制及标定方法
4. 熟悉常用金属指示剂的作用原理及使用条件
5. 掌握配位滴定法对相关药物含量分析的计算及实际应用

知识链接

配合物与药物

配合物广泛存在于自然界中，如叶绿素是镁的配合物，它可以帮助植物完成光合作用；动物血液中的血红蛋白是铁的配合物，在血液中起着输送氧气的作用；而动物体内的各种酶几乎都是以金属配合物形式存在的。很多药物也属于配合物，如用于治疗巨幼红细胞性贫血的维生素 B$_{12}$，其分子的核心是一个与钴离子配位的咕啉环结构；抗肿瘤药顺铂是二价铂与 2 个氯原子、2 个氨分子结合的重金属配合物。

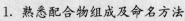

维生素 B$_{12}$

顺铂

第一节　配 位 化 合 物

一、配合物的定义

配位化合物简称配合物,是指由简单金属离子(或原子)和一定数目的阴离子或中性分子通过配位键结合,并按一定的组成和空间构型所形成的复杂化合物。这些化合物与简单的化合物区别在于分子中含有配位单元。

例如,将$[Cu(NH_3)_4]SO_4$晶体溶于水中,溶液中除了含有$[Cu(NH_3)_4]^{2+}$和SO_4^{2-},几乎检查不出有Cu^{2+}和NH_3的存在。分析其结构,在$[Cu(NH_3)_4]^{2+}$中,每个氨分子中的氮原子,提供1对孤对电子,填入Cu^{2+}的空轨道,形成4个配位键。这种配位键的形成使$[Cu(NH_3)_4]^{2+}$和Cu^{2+}有很大的区别,如与碱不再生成沉淀,颜色也会变深等。$[Cu(NH_3)_4]^{2+}$,$[Ag(NH_3)_2]^+$等带正电荷,称为配位阳离子,而$[Fe(CN)_6]^{4-}$,$[PtCl_6]^{2-}$等带负电荷,称为配位阴离子,此外还有一些中性的配位分子如$[Ni(CO)_4]$,$[Fe(CO)_5]$等。

二、配合物的组成

1. 内界和外界　配合物一般由内界和外界两部分组成。在配合物中,把由简单正离子(或原子)和一定数目的阴离子或中性分子以配位键相结合形成的复杂离子(或分子),即配位单元部分称为配合物的内界,通常写在方括号内。内界既可以是配位阳离子,也可以是配位阴离子。内界以外的部分构成配合物的外界。内界与外界之间以离子键结合成配合物。以$[Cu(NH_3)_4]SO_4$为例:

$$\underset{\text{内界}}{\underbrace{[Cu(NH_3)_4]}}\overset{\text{外界}}{\underbrace{SO_4}}$$

2. 中心离子(原子)　中心离子(原子)又称为配合物的形成体,位于配合物的中心位置,其结构特点是最外层上有能接受孤对电子的空轨道。许多过渡金属离子(如铁、钴、镍、铜、银、金、铂等)都是较强的配合物形成体,如$[Cu(NH_3)_4]SO_4$中的Cu^{2+},$K_4[Fe(CN)_6]$中的Fe^{2+},$[Ni(CO)_4]$中Ni原子;高氧化数的非金属元素(如硼、硅、磷等)也可作为中心离子,如$[SiF_6]^{2-}$中的Si^{4+};高氧化数的主族金属离子如$[AlF_6]^{3-}$中的Al^{3+}等也能作为中心离子;不带电荷的金属原子也可作中心原子,如$[Ni(CO)_4]$,$[Fe(CO)_5]$中的Ni,Fe等。

3. 配位体和配位原子(表9-1)　在配合物中,与中心离子以配位键相结合的、含有孤电子对的分子或离子叫做配位体,如NH_3,H_2O,CN^-,X^-(卤素阴离子)等。配位体中直接向中心离子提供孤对电子形成配位建的原子称为配位原子。配位原子一般为电负性较大

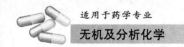

的非金属元素,常见的有 O,S,N,C 及卤素原子等,如 NH_3 中的 N,H_2O 中的 O 等。

表 9 - 1　常见配位体及其配位原子

		配体	配位原子	缩写
单齿配体	中性分子配体	H_2O(水)	O	
		NH_3(氨)	N	
		CO(羰基)	C	
		CH_3NH_2(甲胺)	N	
	阴离子配体	卤素离子	$F^-/Cl^-/Br^-/I^-$	
		OH^-(羟基)	O	
		CN^-(氰)	C	
		NO_2^-(硝基)	N	
		SCN^-(硫氰酸根)	S	
多齿配体		$C_2O_4^{2-}$(草酸根)	O	ox
		$H_2N—CH_2—CH_2—NH_2$(乙二胺)	O/N	en
		/（邻菲罗啉）	N	phen
		/（联吡啶）	N	bpy
		/（乙二胺四乙酸）	N	EDTA

配位体分为单齿配位体和多齿配位体。配体中只有 1 个配位原子与中心离子结合的称为单齿配位体,如 NH_3,CN^-,F^-,H_2O,SCN^-,CO 等。配体中有 2 个或 2 个以上配位原子同时与 1 个中心离子结合的配位体称为多齿配位体,如乙二胺 $NH_2—CH_2—CH_2—NH_2$(六齿配位体)、草酸根 $C_2O_4^{2-}$(双齿配位体)、乙二胺四乙酸(简称 EDTA)等。

4. 配位数　在配合物中直接与中心离子形成配位建的配位原子的总数称为该中心离子的配位数。如果是单齿配位体,配位数就等于配位体的数目;如果是多齿配位体,中心离子的配位数为配体数乘以齿数。例如,$[Cu(NH_3)_4]^{2+}$ 中的配体为单齿配体 NH_3,则 Cu^{2+} 的配位数为 4;$[Cu(en)_2]^{2+}$ 中的配体为双齿配体乙二胺,则 Cu^{2+} 的配位数为 4。

5. 配离子的电荷 中心离子和配位体电荷的代数和即为配离子的电荷数,如$[Fe(CN)_6]^{3-}$配离子,中心离子为Fe^{3+},配位体CN^-,配离子电荷为$(+3)+6\times(-1)=-3$。由于整个分子是电中性的,因此,可以从配合物外界的电荷总数来推断配离子的电荷数。

图9-1以$[Cu(NH_3)_4]SO_4$为例说明配合物的组成。

图9-1 配合物的组成

三、配合物的命名

配合物的命名遵循一般无机化合物的命名原则。阴离子在前,阳离子在后,两者之间加"化"或者是"酸"。

1. **内界的命名** 配离子(即内界),可以是阳离子也可以是阴离子。内界的命名原则:配位体数(用一、二、三等汉字数字表示)→配位体名称→"合"→中心离子→中心离子氧化值(用罗马数字表示)。例如,$[Cu(NH_3)_4]^{2+}$命名为四氨合铜(Ⅱ)离子;$[Fe(CN)_6]^{3-}$命名为六氰合铁(Ⅲ)离子。

2. **配位体的命名** 配离子中含有2种配位体以上,则配位体之间用间隔号隔开。配位体的顺序如下。

(1) 先阴离子,后中性分子,如$[PtCl_5(NH_3)]^-$命名为五氯·氨合铂(Ⅳ)。

(2) 先无机配体,后有机配体,如$[Co(NH_3)_2(en)_2]^{3+}$命名为二氨·二(乙二胺)合钴(Ⅲ)。

(3) 同类配体的名称,按配位原子元素符号在英文字母中的顺序排列,如$[Co(NH_3)_5(H_2O)]^{3+}$命名为五氨·一水合钴(Ⅲ)。

(4) 同类配体的配位原子相同,则含原子少的排在前。

(5) 配位原子相同,配体中原子数也相同,则按在结构式中与配位原子相连的元素符号在英文字母中的顺序排列,如$[Pt(NH_2)(NO_2)(NH_3)_2]$命名为一氨基·一硝基·二氨合铂(Ⅱ)。

3. **配合物命名** 若为配位阳离子化合物,外界是简单的阴离子,则叫"某化某"。若外界是复杂的阴离子,则称为"某酸某"。若为配位阴离子化合物,则在配位阴离子与外界之间都用"酸"字连接,如$[Co(NH_3)_6]Br_3$命名为三溴化六氨合钴(Ⅲ);$[Co(NH_3)_2(en)_2](NO_3)_3$命名为硝酸二氨·二(乙二胺)合钴(Ⅲ);$K_2[SiF_6]$命名为六氟合硅(Ⅳ)酸钾。

若配合物无外界,如$[PtCl_2(NH_3)_2]$命名为二氯·二氨合铂(Ⅱ);$[Ni(CO)_4]$命名为四羰基合镍。

某些在命名上容易混淆的配位体需按配位原子的不同分别命名,如—ONO 亚硝酸根;—NO_2硝基;—SCN 硫氰酸根;—NCS 异硫氰酸根。例如,$[Co(ONO)(NH_3)_5]SO_4$命名为硫酸亚硝酸根·五氨合钴(Ⅲ);$[Co(NO_2)_3(NH_3)_3]$命名为三硝基·三氨合钴(Ⅲ)。

4. **配合物的类型**

(1) 简单配合物:由单基配体与一个中心离子形成的配合物称为简单配合物。

(2) 螯合物:是由中心离子与多齿配体形成的环状结构配合物,也称为内配合物。螯合

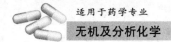

物结构中的环称为螯环,能形成螯环的配体叫螯合剂,如乙二胺(en)、草酸根、乙二胺四乙酸(EDTA)、氨基酸等均可作螯合剂。螯合物中,中心离子与螯合剂分子或离子的数目之比称为螯合比,螯合物的环上有几个原子称为几元环。例如,Cu^{2+}与乙二胺 $H_2N—CH_2—CH_2—NH_2$ 形成螯合物,螯合比为 $1:2$,有 2 个五元环:

$$Cu^{2+} + 2 \begin{array}{c} CH_2—NH_2 \\ | \\ CH_2—NH_2 \end{array} = \left[\begin{array}{c} H_2N \quad\quad NH_2 \\ H_2C \qquad\qquad CH_2 \\ \quad\quad Cu \quad\quad \\ H_2C \qquad\qquad CH_2 \\ H_2N \quad\quad NH_2 \end{array} \right]^{2+}$$

第二节 配位平衡

一、配位平衡的定义

配合物溶于水时,以离子键结合的内界和外界之间可完全离解为配离子和外界离子,配离子在溶液中能发生不同程度的离解。如在一定温度的水溶液中,$[Cu(NH_3)_4]^{2+}$ 可通过离解反应离解出少量的 Cu^{2+} 和 NH_3,但同时 Cu^{2+} 和 NH_3 又会通过配合反应生成 $[Cu(NH_3)_4]^{2+}$。在水溶液中,在一定条件下,当配位反应与离解反应达到平衡状态,称为配位平衡:

$$Cu^{2+} + 4NH_3 \rightleftharpoons [Cu(NH_3)_4]^{2+}$$

二、配离子的稳定常数

在配位平衡中,配位反应与离解反应处于相对平衡状态,其平衡常数可用稳定常数或不稳定常数表示。例如:

$$Cu^{2+} + 4NH_3 \rightleftharpoons [Cu(NH_3)_4]^{2+}$$

若该平衡反应向右进行,其配位平衡平衡常数表达式为:

$$K_{稳} = \frac{[Cu(NH_3)_4]^{2+}}{[Cu^{2+}] \cdot [NH_3]^4}$$

上述平衡反应若是向左进行,则是其平衡常数表达式为:

$$K_{不稳} = \frac{[Cu^{2+}] \cdot [NH_3]^4}{[Cu(NH_3)_4]^{2+}}$$

$K_{稳}$ 为配合物的稳定常数,$K_{稳}$ 值越大,配离子越稳定。$K_{不稳}$ 为配合物的不稳定常数,又称离解常数。$K_{不稳}$ 值越大,配离子在溶液中离解的倾向越大,配离子就越不稳定。

对同一种配离子的不稳定常数与其稳定常数互为倒数,即:

$$K_{不稳} = \frac{1}{K_{稳}}$$

三、逐级稳定常数和累积稳定常数

配离子的生成和离解是分级进行的,因此,溶液中存在一系列的配位-离解平衡,并有相应的稳定常数,称为逐级稳定常数。以$[Cu(NH_3)_4]^{2+}$离子的生成为例,逐级配位平衡如下:

$$Cu^{2+} + NH_3 \rightleftharpoons [Cu(NH_3)]^{2+} \quad K_{稳_1} = \frac{[Cu(NH_3)^{2+}]}{[Cu^{2+}][NH_3]}$$

$$[Cu(NH_3)]^{2+} + NH_3 \rightleftharpoons [Cu(NH_3)_2]^{2+} \quad K_{稳_2} = \frac{[Cu(NH_3)_2^{2+}]}{[Cu(NH_3)^{2+}][NH_3]}$$

$$[Cu(NH_3)_2]^{2+} + NH_3 \rightleftharpoons [Cu(NH_3)_3]^{2+} \quad K_{稳_3} = \frac{[Cu(NH_3)_3^{2+}]}{[Cu(NH_3)_2^{2+}][NH_3]}$$

$$[Cu(NH_3)_3]^{2+} + NH_3 \rightleftharpoons [Cu(NH_3)_4]^{2+} \quad K_{稳_4} = \frac{[Cu(NH_3)_4^{2+}]}{[Cu(NH_3)_3^{2+}][NH_3]}$$

根据多重平衡的规则,逐级稳定常数的乘积等于该配离子的累积稳定常数。因此,对于$[Cu(NH_3)_4]^{2+}$总的稳定常数则为:

$$K_{稳} = K_{稳_1} K_{稳_2} K_{稳_3} K_{稳_4}$$

配合物的逐级稳定常数相差不大。实际的生产及应用中,通常会加入过量配位体,体系中以最高配位数的配离子为主,其他形式的配离子可以忽略不计,因此在计算时采用总的稳定常数进行计算。

第三节　配位滴定法

一、配位滴定法概述

配位滴定法是以配位反应为基础的滴定分析方法,能够用于配位滴定的反应必须具备以下条件。

(1) 形成的配位化合物要足够稳定,即$K_{稳}$要大,一般要求$K_{稳} \geqslant 10^8$。

(2) 配位数必须恒定,即中心离子与配位剂应严格按照一定比例结合。

(3) 反应要完全,反应速率要快。

(4) 有适当方法指示滴定终点。

二、EDTA 及其配合物

配位剂分无机和有机两类,但由于许多无机配位剂不符合配位滴定的要求,一般不能用于配位滴定。有机配位剂中,目前应用最多的滴定剂是 EDTA 等氨羧配位剂,其中乙二胺

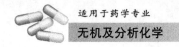

四乙酸(EDTA)是目前应用最广泛的一种氨羧类配合剂。

(一) EDTA 及其二钠盐

乙二胺四乙酸简称 EDTA,为一种四元酸,习惯上用 H_4Y 表示。乙二胺四乙酸分子中含有 2 个氨基氮和 4 个羧基氧共 6 个配位原子,可以和多种金属离子形成稳定的螯合物,可以作为标准溶液,滴定几十种金属离子。分子结构式为:

$$\begin{array}{c} \text{HOOCH}_2\text{C} \qquad\qquad\qquad \text{CH}_2\text{COOH} \\ \ddot{\text{N}}-\text{CH}_2-\text{CH}_2-\ddot{\text{N}} \\ \text{HOOCH}_2\text{C} \qquad\qquad\qquad \text{CH}_2\text{COOH} \end{array}$$

室温时,乙二胺四乙酸分子中含有 2 个氨基氮和 4 个羧基氧共 6 个配位原子,可以和很多金属离子形成十分稳定的螯合物。由于 H_4Y 在水中的溶解度小(100 ml 水只能溶解 0.02 g),因此,EDTA 滴定液常用其二钠盐($Na_2H_2Y \cdot 2H_2O$)配制。EDTA 二钠盐(一般也简称 EDTA)的溶解度较大,22℃时 100 ml 水能溶解 11.1 g,pH 值约为 4.8。

(二) EDTA 的离解平衡

H_4Y 是四元弱酸,当溶液酸度很高时,它的两个羧基可再接受 H^+,形成 H_6Y^{2+},这样,EDTA 就相当于六元酸,所以,EDTA 的水溶液中存在六级离解平衡:

$$H_6Y^{2+} \Longrightarrow H_5Y^+ + H^+ \qquad K_{a_1} = \frac{[H^+][H_5Y^+]}{H_6Y^{2+}} = 10^{-0.9}$$

$$H_5Y^+ \Longrightarrow H_4Y + H^+ \qquad K_{a_2} = \frac{[H^+][H_4Y]}{[H_5Y^+]} = 10^{-1.6}$$

$$H_4Y \Longrightarrow H_3Y^- + H^+ \qquad K_{a_3} = \frac{[H^+][H_3Y^-]}{[H_4Y]} = 10^{-2.0}$$

$$H_3Y^- \Longrightarrow H_2Y^{2-} + H^+ \qquad K_{a_4} = \frac{[H^+][H_2Y^{2-}]}{[H_3Y^-]} = 10^{-2.67}$$

$$H_2Y^{2-} \Longrightarrow HY^{3-} + H^+ \qquad K_{a_5} = \frac{[H^+][HY^{3-}]}{[H_2Y^{2-}]} = 10^{-6.16}$$

$$HY^{3-} \Longrightarrow Y^{4-} + H^+ \qquad K_{a_6} = \frac{[H^+][Y^{4-}]}{[HY^{3-}]} = 10^{-10.26}$$

由此可见,在 EDTA 的水溶液中,存在 H_6Y^{2+},H_5Y^+,H_4Y,H_3Y^-,H_2Y^{2-},HY^{3-},Y^{4-} 7 种形式,其中只有 Y^{4-} 才能与金属离子直接配合。溶液的 pH 越大,Y^{4-} 的浓度越大,因此,在碱性溶液中,EDTA 的配位能力最强(表 9-2)。

表 9-2 不同 pH 值时 EDTA 的主要存在形式

pH 范围	主要存在形式	pH 范围	主要存在形式
<1	H_6Y^{2+}	2.67~6.16	H_2Y^{2-}
1~1.6	H_5Y^+	6.16~10.26	HY^{3-}
1.6~2.0	H_4Y	>10.26	Y^{4-}
2.0~2.67	H_3Y^-		

在进行配位反应时,只有 Y^{4-} 才能与金属离子直接配合。溶液的 pH 越大,Y^{4-} 的浓度越大。因此,在碱性溶液中,EDTA 的配位能力最强。Y^{4-} 一般可简写成 Y。

(三) EDTA 与金属离子的配位特点

1. EDTA 与金属离子形成的配合物组成一定　EDTA 几乎能与所有的金属离子(碱金属离子除外)发生配位反应,形成 1∶1 型配合物。略去各种离子的电荷,可写成如下通式:

$$M + Y \rightleftharpoons MY$$

2. EDTA 与金属离子形成的配合物相当稳定　EDTA 与大多数金属离子配合时,能形成具有五个五元环结构的配合物,配位反应完全,配合物稳定性高。

3. 配位反应比较迅速　除 Cr^{3+},Fe^{3+} 等少数离子室温下反应较慢,大多数金属离子与 EDTA 的反应可瞬间完成。

4. 配合物的颜色　EDTA 与无色的金属离子形成的配合物无色,与有色的金属离子形成的配合物颜色加深(表 9-3)。

表 9-3　不同金属离子与 EDTA 形成的配合物的颜色

金属离子	颜　色	金属离子	颜　色
Mg^{2+}	无色	MnY^{2-}	紫红色
MgY^{2-}	无色	Cu^{2+}	淡蓝色
Mn^{2+}	肉红色	CuY^{2-}	深蓝色

5. 配合物的溶解度　形成的配合物易溶于水,使滴定能在水溶液中进行。

(四) 酸碱度对 EDTA 与金属离子配位反应的影响

EDTA 在溶液中有多种形式存在,但只有 Y^{4-} 能与金属离子直接配位。对于配位平衡 $M + Y \rightleftharpoons MY$,Y 的浓度越小,越不利于 MY 的形成。实际工作条件中 Y 的浓度与溶液的酸碱度有密切的关系,$[H^+]$ 降低,$[Y]$ 增大,有利于 MY 的生成,使配位反应完全;但溶液的酸度过低,许多金属离子则水解生成氢氧化物沉淀,使 $[M]$ 降低,导致配位反应不完全。因此,EDTA 与金属离子配位反应的完成程度与溶液酸碱度有着密切的关系,进行 EDTA 配位滴定时应选择适当的酸度。

1. 滴定允许的最高酸度　各种金属离子与 EDTA 生成的配合物稳定性不同,溶液的酸度对它们的影响也不同。稳定性较低的配合物,在酸性较弱的条件下即可离解;稳定性较高的配合物,只有在酸性较强时才会离解。例如:

MgY^{2-}:$\lg K_{稳} = 8.7$,pH = 5～6 时,MgY^{2-} 几乎全部离解

ZnY^{2-}:$\lg K_{稳} = 16.5$,pH = 5～6 时,ZnY^{2-} 稳定存在

因此,用 EDTA 滴定特定的金属离子时必须控制在一定的 pH 上进行,这种金属离子与 EDTA 生成的配合物刚好能稳定存在的 pH 称最低 pH(也称最高酸度),如果溶液的 pH 低于该种金属离子的最低 pH,就不能进行滴定(表 9-4)。

表 9 - 4　EDTA 滴定金属离子的最低 pH

金属离子	lg$K_稳$	pH	金属离子	lg$K_稳$	pH
Fe^{3+}	25.10	1.0	Al^{3+}	16.11	4.2
Sn^{2+}	22.10	1.7	Fe^{2+}	14.33	5.0
Hg^{2+}	21.80	1.9	Mn^{2+}	13.87	5.2
Cu^{2+}	18.70	2.9	Ca^{2+}	10.96	7.5
Zn^{2+}	16.50	3.9	Mg^{2+}	8.64	9.7

从表 9 - 4 中可以看出,酸度对不同稳定性的配合物的影响不同,配合物的 lg $K_稳$ 越大,则滴定时的最低 pH 越小。因此,在几种离子同时存在时,可利用调节溶液 pH 的方法滴定某种离子或进行混合物的连续滴定。如 Fe^{3+} 和 Ca^{2+} 共存时,因为在酸性溶液中 Ca^{2+} 不能与 EDTA 反应,可先调节溶液显酸性,用 EDTA 滴定 Fe^{3+};当 Fe^{3+} 被滴定完后,再调节溶液显碱性,继续用 EDTA 滴定 Ca^{2+}。

2. 滴定允许的最低酸度　溶液的 pH 升高,[Y]增大,配合物 MY 能稳定存在,但金属离子在 pH 较高的溶液中会发生水解生成氢氧化物沉淀,使[M]降低,配合反应不完全。因此,滴定反应时溶液的 pH 不能高于被滴定金属离子刚开始发生水解时的 pH,该 pH 称为滴定允许的最低酸度(也称最高 pH)。

滴定某一金属离子的允许最高酸度与最低酸度之间的 pH 范围就是滴定该金属离子的适宜酸度范围。

3. 酸度的控制　在 EDTA 滴定过程中不断有 H^+ 释放出来,使溶液的酸度升高。例如,用 EDTA 滴定 Mg^{2+} 时,会发生如下反应:

$$Mg^{2+} + H_2Y^{2-} \rightleftharpoons MgY^{2-} + 2H^+$$

因此,为了消除反应中产生的 H^+ 的影响,在配位滴定中常需加入一定量的缓冲溶液以维持溶液的 pH 始终在允许的范围内,使整个滴定过程都必须控制在一定的酸度范围内进行。

三、配位滴定曲线

配位滴定曲线是指在配位滴定中,以 EDTA 的加入量为横坐标,金属离子浓度的负对数 pM 为纵坐标描绘的反映滴定过程中金属离子的浓度随着滴定剂的加入量而变化的曲线。以 0.010 00 mol·L^{-1} EDTA 滴定 20.00 ml 0.010 00 mol·L^{-1} Ca^{2+} 为例(表 9 - 5)。

表 9 - 5　0.010 00 mol·L^{-1} EDTA 滴定 20.00 ml 0.010 00 mol·L^{-1} Ca^{2+} 的计算数据

加入 EDTA 量		被滴定 Ca^{2+}(%)	过量 EDTA(%)	[Ca^{2+}] (mol·L^{-1})	pCa
体积(ml)	相当于 Ca^{2+}(%)				
0.00	0.0			0.01	2.0
18.00	90.0	90.0		5.3×10^{-3}	3.3

续　表

加入 EDTA 量		被滴定 Ca^{2+} (%)	过量 EDTA(%)	$[Ca^{2+}]$ (mol·L^{-1})	pCa
体积(ml)	相当于 Ca^{2+} (%)				
19.80	99.0	99.0		5.0×10^{-5}	4.3
19.98	99.9	99.9		5.0×10^{-6}	5.3
20.00	100.0	100.0		5.3×10^{-7}	6.3
20.02	100.1		0.1	5.6×10^{-8}	7.3
20.20	101.0		1.0	5.6×10^{-9}	8.3
22.00	110.0		10.0	5.6×10^{-10}	9.3
40.00	200.0		100.0	5.6×10^{-11}	10.3

由表 9-5 可见,当加入 EDTA 的量为 19.98～20.02 ml 时,滴定曲线 pCa 值由 5.3 变为 7.3,pCa 值产生突跃,突跃范围为 2.0 pCa 单位。在配位滴定中,同酸碱滴定一样,都希望滴定曲线有较大的突跃,以利于提高滴定的准确度。配位滴定突跃的大小取决于配合物的条件稳定常数和金属离子的起始浓度。配合物的条件稳定常数越大,滴定的突跃范围越大;当条件稳定常数一定时,金属离子的起始浓度越大,滴定的突跃范围越大。

四、金属指示剂

配位滴定中常用金属指示剂来指示滴定终点。

(一) 金属指示剂的作用原理

金属指示剂是一种结构复杂的有机配位剂,能与金属离子生成与指示剂本身的颜色明显不同的有色配合物。反应式如下:

$$滴定前: M + In \rightleftharpoons MIn$$
$$(甲色)\quad(乙色)$$
$$滴定中: M + Y \rightleftharpoons MY$$
$$滴定终点: MIn + Y \rightleftharpoons MY + In$$
$$(乙色)\qquad\qquad(甲色)$$

以 M 表示金属离子,In 表示指示剂的阴离子(略去电荷)。在滴定开始时,少量的金属离子 M 和金属指示剂 In 结合生成 MIn,溶液显乙色,随着 EDTA 滴入,游离的金属离子逐渐被 EDTA 配位生成 MY。到终点时,金属离子 M 几乎全部被配位,此时继续加入 EDTA,由于配合物 MY 的稳定性大于 MIn,稍过量的 EDTA 就夺取 MIn 中金属离子 M,使指示剂游离出来,溶液颜色突变为甲色。

(二) 金属指示剂应具备的条件

金属指示剂大多数是水溶性的有机染料,它应具备下列条件。

(1) 游离金属指示剂 In 及其与金属离子形成的配合物 MIn 的颜色应显著不同,从而使终点时的颜色变化明显,便于观察。

(2) 金属指示剂与金属离子之同的反应应灵敏、迅速,且可逆性好。

（3）金属指示剂与金属离子形成的配合物 MIn 应有适当的稳定性。若 MIn 稳定性太差，则在化学计量点前，MIn 就会分解，使终点会提前出现；若 MIn 的稳定性太强，可能使 EDTA 在化学计量点时不能取代指示剂，从而不发生颜色变化，导致终点延后。一般要求 MIn 稳定性小于该金属离子与 EDTA 形成配合物的稳定性且相差 100 倍以上。

（4）金属指示剂应有一定的选择性，即在一定条件下，只对某一种（或某几种）离子发生显色反应。

（5）金属指示剂应易溶于水，性质稳定。如铬黑 T 的水溶液易氧化变质，所以在配制铬黑 T 时，常加入盐酸羟胺等还原剂。

（三）使用金属指示剂应注意的问题

1. 指示剂使用的 pH 范围　金属指示剂为有机弱酸（或弱碱），溶液 pH 的不同会使其颜色发生变化，因此金属指示剂有各自适用的 pH 范围。例如金属指示剂铬黑 T（EBT）在水溶液中，当 pH < 6 时，其游离态为红色；当 pH > 12 时，游离态呈橙色；当 pH = 8 ~ 11 时，游离指示剂的颜色显蓝色。而铬黑 T 与金属离子形成的配合物（M‐EBT）的颜色为酒红色。所以铬黑 T 适宜在 pH 为 8~11 范围内使用。

2. 指示剂的封闭现象　金属指示剂在化学计量点时能从 MIn 配合物中释放出来，从而显示与 MIn 配合物不同的颜色来指示终点。在实际滴定中，如果 MIn 配合物的稳定性大于 MY 的稳定性，以致到达化学计量点时，过量的 EDTA 不能夺取 MIn 中的金属离子，使溶液一直呈现 MIn 的颜色，无法指示终点，这种现象称为指示剂的封闭现象。通常采用加入掩蔽剂或分离干扰离子的方法消除指示剂封闭现象。例如，在 pH = 10 时，以铬黑 T 为指示剂用 EDTA 测定 Ca^{2+}，Mg^{2+} 含量时，Al^{3+}，Fe^{3+}，Cu^{2+} 等对铬黑 T 有封闭作用，致使终点无法确定，可以加入掩蔽剂三乙醇胺，消除 Al^{3+}，Fe^{3+} 对铬黑 T 封闭作用，加入沉淀剂 Na_2S 可以消除 Cu^{2+} 对铬黑 T 封闭作用。

3. 指示剂的僵化现象　有些金属指示剂或金属指示剂配合物在水中的溶解度太小，使得滴定剂 EDTA 与金属指示剂配合物 MIn 交换缓慢，造成终点不明显或拖后，终点拖长，这种现象称为指示剂僵化。可加入适当的有机溶剂促进难溶物的溶解，或将溶液适当加热以加快置换速度而消除。

4. 指示剂氧化变质现象　金属指示剂大多为含有双键的有色化合物，易被日光，氧化剂，空气所氧化，在水溶液中多不稳定，日久会变质。如铬黑 T 在 Mn(Ⅳ)，Ce(Ⅳ) 存在下，会很快被分解褪色。所以，常将指示剂配成固体混合物或加入还原性物质（如抗坏血酸、羟胺等），或临用时配制。

（四）常用的金属指示剂

1. 铬黑 T（BT 或 EBT）　铬黑 T 随溶液中 pH 值不同而呈现出 3 种不同的颜色：当 pH < 6.3 时，显紫红色；当 pH 为 8~11 时，显蓝色；当 pH > 11.6 时，显橙色。铬黑 T 能与许多二价金属离子如 Ca^{2+}，Mg^{2+}，Mn^{2+}，Zn^{2+}，Cd^{2+}，Pb^{2+} 等形成红色的配合物，形成的颜色与 MIn 颜色相近，滴定终点颜色变化不明显，因此，铬黑 T 只能在 pH 为 8~11 的条件下使用，指示剂才有明显的颜色变化（红色→蓝色）。铬黑 T 水溶液或醇溶液均不稳定，仅能保存数天。因此，常把铬黑 T 与纯净的惰性盐如 NaCl 按 1∶100 的比例混合均匀，研细，密闭保存于干燥器中备用。

2. 钙指示剂（NN 或钙红）　钙指示剂的水溶液溶液 pH 而呈不同的颜色：pH 约为 7 时

显紫色,pH $= 12 \sim 13$ 时显蓝色,pH > 13.5 时显橙色。由于在 pH $= 12 \sim 13$ 时,它能与 Ca^{2+} 形成红色配合物,所以,常用作在 pH $= 12 \sim 13$ 的酸度下,测定钙含量时的指示剂,终点溶液由红色变成蓝色,颜色变化明显(表 9 - 6)。

表 9 - 6 常用的金属指示剂

金属指示剂	适宜 pH 范围	颜色变化		直接滴定的离子
		In	MIn	
铬黑 T(EBT)	$8 \sim 10$	蓝	红	Mg^{2+},Zn^{2+},Cd^{2+},Pb^{2+},稀土离子
二甲酚橙(XO)	< 6	亮黄	红	pH < 1,ZrO
				pH $= 1 \sim 3.5$,B_4^{3+},Th^{4+}
				pH $= 5 \sim 6$,Zn^{2+},Cd^{2+},Pb^{2+},Hg^{2+} 等离子
钙指示剂(NN)	$12 \sim 13$	蓝	红	pH $= 12 \sim 13$,Ca^{2+}
磺基水杨酸	$1.5 \sim 2.5$	无色	紫红	pH $= 1.5 \sim 2.5$,Fe^{3+}
PAN	$2 \sim 12$	黄	紫红	pH $= 2 \sim 3$,Bi^{2+},Th^{4+}
				pH $= 4 \sim 5$,Cu^{2+},Ni^{2+},Cd^{2+},Pb^{2+},Zn^{2+},Mn^{2+},Fe^{3+}

第四节 EDTA 滴定液的配制与标定

一、0.05 mol·L⁻¹ EDTA 滴定液的配制

通常应用的 EDTA 标准溶液的浓度是 $0.01 \sim 0.05$ mol·L⁻¹。根据 2010 版中国药典,EDTA 滴定液采用间接配制法,再用基准物质标定。由于 EDTA 在水中溶解度较小,不能直接使用,常用 EDTA 二钠盐($Na_2H_2Y \cdot 2H_2O$,相对分子质量为 372.2)配制。配制方法如下:用台秤称取 19 g $Na_2H_2Y \cdot 2H_2O$,溶于 300 ml 温热的水中,冷却后稀释至 1 000 ml,混匀并贮于硬质玻璃瓶或聚乙烯塑料瓶中,待标定。

二、0.05 mol·L⁻¹ EDTA 滴定液的标定

标定 EDTA 溶液的基准物质有金属、金属氧化物及其盐,如 Zn,Cu,ZnO,$CaCO_3$,$ZnSO_4$ 等,一般多采用金属 Zn 或 ZnO 为基准物质,现以氧化锌为例说明标定方法。

【案例 9 - 1】 精密称取在 800℃ 灼烧至恒重的基准级氧化锌约 0.120 2 g,加稀盐酸 3 ml 使溶解,加蒸馏水 25 ml,甲基红指示剂 1 滴,滴加氨试液至溶液呈微黄色,再加蒸馏水 25 ml 和氨-氯化铵缓冲溶液 10 ml,铬黑 T 指示剂少许,用待标定的 EDTA 25.05 ml 滴定至溶液由红色变为蓝色即为终点。请计算 EDTA 的浓度(氧化锌 ZnO 的相对分子质量为 81.39)。

解:

$$c_{\text{EDTA}} = \frac{m_{\text{ZnO}}}{V_{\text{EDTA}} M_{\text{ZnO}}} \times 1\,000$$

$$= \frac{0.120\ 2}{25.05 \times 81.39} \times 1\ 000$$

$$= 0.058\ 96\ (mol \cdot L^{-1})$$

求得：EDTA 的浓度为 0.589 6 mol · L^{-1}。

第五节 EDTA 滴定法的应用与示例

配位滴定法有多种滴定方式，如直接滴定法、剩余滴定法、置换滴定法、间接滴定法等，因此，应用非常广泛。

一、配位滴定法测定含钙药物含量

在药物分析中，配位滴定法可用于测定符合滴定分析要求的金属盐类药物，如钙盐、镁盐、锌盐含量。现以常用药葡萄糖酸钙及氯化钙注射液的含量测定为例说明。

1. 配位滴定法测定补钙药葡萄糖酸钙含量　葡萄糖酸钙含有钙元素，可凭借配位滴定法测定钙元素含量来间接测定葡萄糖酸钙含量。取适量样品溶解，加 $NH_3 - NH_4Cl$ 缓冲溶液与 EBT（铬黑 T）指示剂，用 EDTA 滴定液滴定至溶液由紫红色转变为纯蓝色。此时读出 EDTA 滴定液使用量，计算可得样品中钙元素的含量，由此则可以计算出葡萄糖酸钙的质量，与取用样品质量对比，则可得出样品的葡萄糖酸钙含量。反应式如下：

$$Ca^{2+} + H_2In^- \longrightarrow CaIn^- （红色） + 2H^+$$

$$Ca^{2+} + H_2Y^{2-} \longrightarrow CaY^{2-} + 2H^+$$

$$H_2Y^{2-} + CaIn^- \longrightarrow H_2In^- （蓝色） + CaY^{2-}$$

【案例 9-2】 称取 0.532 1 g 葡萄糖酸钙试样，溶解后在 pH = 10 的氨性缓冲溶液中用 EDTA 滴定，以铬黑 T 为指示剂，滴定用去 0.050 17 mol · L^{-1} 的 EDTA 标准溶液 23.60 ml。试计算葡萄糖酸钙的质量分数（葡萄糖酸钙 $C_{12}H_{22}O_{14}Ca \cdot H_2O$ 相对分子质量为 448.40）。

解：
$$葡萄糖酸钙\% = \frac{V_{EDTA} \times c_{EDTA} \times M_{葡萄糖酸钙}}{m_s} \times 100\%$$

$$= \frac{23.60 \times 0.050\ 17 \times 448.40 \times 10^{-3}}{0.532\ 1} \times 100\%$$

$$= 99.8\%$$

求得葡萄糖酸钙的质量分数为 99.8%。

2. 配位滴定法测定氯化钙注射液含量的测定　钙离子在碱性溶液中能与 EDTA 生成稳定的配合物，以钙指示剂（用 HIn^{2-} 表示）为指示剂，采用配位滴定法可测定氯化钙注射剂的含量。化学反应如下：

$$滴定前：Ca^{2+} + HIn^{2-} \rightleftharpoons CaIn^- （酒红色） + H^+$$

$$终点前：Ca^{2+} + H_2Y^{2-} \rightleftharpoons CaY^{2-} （无色） + 2H^+$$

$$终点时：CaIn^- （酒红色） + H_2Y^{2-} \rightleftharpoons CaY^{2-} （蓝色） + H^+ + HIn^{2-}$$

【案例 9-3】 精密量取规格为 10 ml:0.5 g 的氯化钙注射液 3.10 ml(约相当于氯化钙 0.15 g)置锥形瓶中,加水适量使成 100 ml,再加入 1 mol·L^{-1} 的氢氧化钠试液 15 ml,钙指示剂约 0.1 g,用 EDTA 滴定液 20.05 ml(0.050 0 mol·L^{-1})滴定至溶液由酒红色变为纯蓝色。计算供试品氯化钙($CaCl_2 \cdot 2H_2O$ 相对分子质量为 146.98)的含量。

解:
$$\rho_{CaCl_2 \cdot 2H_2O} = \frac{c_{EDTA} V_{EDTA} M_{CaCl_2 \cdot 2H_2O}}{V_{供}}$$

$$= \frac{0.050\,0 \times 20.05 \times 146.98 \times 10^{-3}}{3.10}$$

$$= 0.047\,53 \ g \cdot ml^{-1}$$

求得:供试品氯化钙的含量为 0.047 53 g·ml^{-1}。

二、配位法测定血清钙

血清钙的测定可在 pH = 12 ~ 13 的碱性溶液中,以钙指示剂为指示剂,用 EDTA 标准溶液直接滴定,溶液由红色变为蓝色即为滴定终点。

【案例 9-4】 血清中的钙可用微量 EDTA 滴定法测定。取 100 μl 血清,加 2 滴 2 mol·L^{-1} NaOH 和钙红指示剂。用微量滴定管滴定。若需 0.001 015 mol·L^{-1} EDTA 0.246 ml,试计算每毫升血清中有多少毫克钙,已知:$M_{Ca} = 40.08$。

解:
$$\rho = \frac{V_{EDTA} \times c_{EDTA} \times M_{Ca}}{V} \times 100\%$$

$$= \frac{0.246 \times 10^{-3} \times 0.001\,015 \times 40.08}{100 \times 10^{-3}}$$

$$= 0.000\,100 \ g \cdot ml^{-1}$$

$$= 0.100 \ mg \cdot ml^{-1}$$

求得:血清钙含量为 0.100 mg·ml^{-1}。

三、水的总硬度及 Ca^{2+},Mg^{2+} 含量测定

含有钙、镁盐类的水为硬水。水的硬度是指水中除碱金属外的全部金属离子浓度的总和,通常是将水中 Ca^{2+},Mg^{2+} 的总量折算成 CaO 或 $CaCO_3$ 的质量来表示,单位是 mg·L^{-1}。每升水含 1 mg CaO 称 1°,每升水含 10 mg CaO 称 1 个德国度(°)。水的硬度用德国度(°)作标准来划分时,一般<4°称很软水;4°~8°称软水;8°~16°称中硬水;16°~32°称硬水;>32°称很硬水。

1. 总硬度的测定 以铬黑 T(EBT)为指示剂,在 pH = 10 的 $NH_3 \cdot H_2O$-NH_4Cl 缓冲溶液中进行直接滴定。根据所消耗 EDTA 标准溶液的体积及其浓度,可计算出:

$$总硬度(以 CaCO_3 计,mg \cdot L^{-1}) = \frac{V_1 c_{EDTA} M_{CaCO_3}}{V_{水}} \times 1\,000$$

式中:c_{EDTA} 为 EDTA 标准溶液的浓度;V_1 为测定总硬度时消耗 EDTA 标准溶液的体积;$V_{水}$

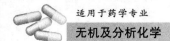

为测定时水样的体积;M_{CaCO_3} 为 $CaCO_3$ 的摩尔质量。

2. 钙、镁硬度的测定 在以上总硬度测量的基础上,用 10% 的 NaOH 溶液调节溶液 pH = 12,使 Mg^{2+} 生成 $Mg(OH)_2$ 沉淀,加入钙指示剂,EDTA 标准溶液直接滴定游离的 Ca^{2+},消耗 EDTA 体积为 V_2,溶液由酒红色变为纯蓝色时为终点。

由本次滴定的结果可计算钙硬度为:

$$钙硬度(mg \cdot L^{-1}) = \frac{V_2 c_{EDTA} M_{Ca}}{V_水} \times 1\,000$$

结合总硬度的测定结果,可计算镁硬度为:

$$镁硬度(mg/L) = \frac{(V_1 - V_2) c_{EDTA} M_{Mg}}{V_水} \times 1\,000$$

式中:c_{EDTA} 为 EDTA 标准溶液浓度(mol · L^{-1});V_1 为滴定 Ca^{2+},Mg^{2+} 总硬度时消耗 EDTA 的体积;V_2 为滴定 Ca^{2+} 的含量时消耗 EDTA 的体积;$V_水$ 为测定时水样的体积;M_{Ca} 为 Ca 的摩尔质量;M_{Mg} 为 Mg 的摩尔质量。

小 结

1. 配合物是指含有配位单元的复杂化合物,配位单元是指由一个简单正离子(或原子)和一定数目的阴离子或中性分子以配位键相结合形成的复杂离子(或分子)。配合物主要分为简单配合物和螯合物。

2. 配合物的命名遵循一般无机化合物的命名原则,配离子的命名顺序:配位数—配位体名称—合—中心离子名称—中心离子氧化数。

3. 配位滴定法

配位剂	EDTA (与金属离子形成 1:1 型配合物)	间接配制法 (多用金属 Zn 或 ZnO 为基准物质标定)
指示剂	金属指示剂	能与金属离子生成与指示剂本身的颜色明显不同的有色配合物

习 题

一、选择题

1. EDTA 与金属离子形成螯合物时,其螯合比一般为

    A. 1:8   B. 1:2   C. 1:4   D. 1:6   E. 1:1

2. EDTA 与金属离子配位时,1 分子的 EDTA 可提供的配位原子个数为

    A. 2   B. 4   C. 6   D. 8   E. 5

3. 金属离子刚刚析出氢氧化物沉淀时的溶液酸度称为

    A. 最差酸度   B. 最佳酸度   C. 最高酸度   D. 最低酸度   E. 以上都不对

4. 对铬黑用 EDTA 测定 Ca^{2+}，Mg^{2+} 含量时，Fe^{3+} 对铬黑 T

　　A．僵化作用　　　　B．氧化作用　　　　C．沉淀作用　　　　D．封闭作用　　　　E．还原作用

5. EDTA 能与多种金属离子进行配位反应。在其多种存在形式中,以何种形式与金属离子形成的配合物最稳定

　　A．H_2Y^{2-}　　　　B．H_3Y^-　　　　C．H_4Y　　　　D．Y^{4-}　　　　E．HY^{3-}

6. 金属指示剂是

　　A．有颜色的金属离子　　　　　　　　B．无颜色的金属离子

　　C．金属离子的配位剂　　　　　　　　D．金属离子的还原剂

　　E．都不是

7. 标定 EDTA 溶液的浓度,常用的基准物质是

　　A．氧化锌　　　　　　　　B．硼砂　　　　　　　　C．邻苯二甲酸氢钾

　　D．重铬酸钾　　　　　　　E．盐酸

8. 在 $[Co(NH_3)_5(H_2O)]Cl_3$ 中,中心原子配位数是

　　A．1　　　　B．4　　　　C．5　　　　D．6　　　　E．7

9. $K[PtCl_3(NH_3)]$ 的正确命名是

　　A．一氨·三氯合铂(Ⅱ)酸钾　　　　　　B．三氯·一氨合铂(Ⅱ)酸钾

　　C．三氯·氨合铂(Ⅱ)化钾　　　　　　　D．三氯化氨合铂(Ⅱ)酸钾

　　E．三氯合氨合铂(Ⅱ)酸钾

10. 配位滴定法中配制滴定液使用的是

　　A．EDTA　　　　　　　　B．EDTA 二钠盐　　　　　　　　C．EDTA 负 4 价离子

　　D．EDTA 负 3 价离子　　　E．EDTA 负 2 价离子

11. 用 EDTA 测定 Ca^{2+} 含量时,消除 Al^{3+} 的干扰的方法是

　　A．控制酸度法　　　　　　B．加入配位剂　　　　　　C．加入氧化还原试剂

　　D．加入掩蔽剂　　　　　　E．加入强碱

12. EDTA 滴定中,引起指示剂封闭现象的原因是

　　A．被测溶液的酸度过高或过低

　　B．指示剂与金属离子生成的配合物不稳定

　　C．MIn 的稳定性小于 MY 的稳定性

　　D．MIn 的稳定性大于 MY 的稳定性

　　E．被测物的酸碱性

13. EDTA 与有色金属离子生成的配位化合物颜色是

　　A．无色　　　　B．颜色加深　　　　C．紫色　　　　D．蓝色　　　　E．黄色

14. 下列离子不属于配位化合物的是

　　A．$KAl(SO_4)_2$　　　　　　B．$K[HgI_4]$　　　　　　C．$[Ni(CO)_4]$

　　D．$H[AuCl_4]$　　　　　　E．$[Cu(NH_3)_4]SO_4$

15. 配合物和螯合物所具有的共同点是

　　A．有环状结构　　B．有共价键　　C．有配位键　　D．有离子键　　E．有金属键

二、根据下列化合物的名称写出配合物的化学式

1. 三硝基·三氨合钴(Ⅲ)

2. 氯化二氯·三氨·一水合钴(Ⅲ)

3. 二氯·二羟基·二氨合铂(Ⅳ)

4. 六氯合铂(Ⅳ)酸钾

三、简答题

1. 为什么在 $NH_4Fe(SO_4)_2$ 溶液中加入 KSCN,可出现血红色?

2. 简述金属指示剂的变色原理。

四、计算题

1. 称取葡萄糖酸钙试样 0.550 0 g,溶解后,在 pH $=$ 10 的氨性缓冲溶液中用 0.049 85 $mol \cdot L^{-1}$ 的 EDTA 滴定(EBT 为指示剂)至终点,消耗标准溶液 24.50 ml,试计算葡萄糖酸钙的含量(葡萄糖酸钙 $C_{12}H_{22}O_{14}Ca \cdot H_2O$ 相对分子质量为 448.40)。

2. 以配位滴定法测定补钙剂 $CaCl_2$ 含量,取试样 0.550 1 g,溶解后定容成 100.00 ml,吸取 10.00 ml 进行滴定,用 0.019 00 $mol \cdot L^{-1}$ EDTA 标准溶液 25.00 ml 滴定。求试样中 $CaCl_2$ 含量(已知 $CaCl_2$ 的摩尔质量为 111 $g \cdot mol^{-1}$)。

3. 称取 0.210 5 g 纯 $CaCO_3$,溶解后,加水至 250.00 ml,吸取 50.00 ml,调 pH $=$ 12.5,加钙指示剂,用 EDTA 标准溶液滴定,用去 21.21 ml,请计算 EDTA 溶液的摩尔浓度(已知 $CaCO_3$ 的摩尔质量为 100.09 $g \cdot mol^{-1}$)。

4. 精密量取氯化钙注射液 10 ml,在 pH $=$ 10 的氨性缓冲溶液中用 EDTA 滴定,以钙指示剂为指示剂,滴定用去 0.010 01 $mol \cdot L^{-1}$ 的 EDTA 标准溶液 15.18 ml。试计算氯化钙的质量浓度(氯化钙相对分子质量为 111)。

5. 称取 0.150 1 g 纯 ZnO(相对分子质量为 81.39),溶解后用容量瓶配成 25.00 ml 溶液,用铬黑 T 指示终点,用待标定的 EDTA 溶液滴定,用去 24.56 ml。计算 EDTA 溶液的物质的量浓度。

第十章

沉淀溶解平衡与沉淀滴定法

无·机·及·分·析·化·学

学习目标

1. 掌握溶度积原理、溶度积规则及有关沉淀溶解平衡的计算。
2. 了解莫尔法、佛尔哈德法以及吸附指示剂法的基本原理和特点。
3. 熟悉沉淀滴定法的应用和计算。
4. 了解重量分析法的基本原理,熟悉重量分析法的应用。

知识链接

难溶性电解质与药物

不同电解质的溶解度不同,有些易溶,有些难溶,绝对不溶的物质是不存在的。通常把 100 g 水中溶解度小于 0.01 g 的物质称为难溶物质;100 g 水中溶解度在 0.01～0.1 g 之间的物质称为微溶物质,100 g 水中溶解度大于 0.1 g 的物质称为易溶物质。很多药物属于难溶性电解质。如硫酸钡($BaSO_4$)利用其难溶的特点在临床上用作胃肠道造影剂;碳酸钙($CaCO_3$)在临床上常用作补钙药及抗酸药。

第一节 溶度积原理

一、沉淀溶解平衡

难溶电解质在饱和溶液中可产生电解质与由它解离产生的离子之间的平衡,即沉淀-溶解平衡。难溶电解质的沉淀-溶解平衡是一个可逆过程(图 10 - 1)。

以 AgCl 为例:在一定温度下,将难溶电解质固体 AgCl 放入水中,表面上的一些 Ag^+ 和 Cl^- 会离开 AgCl 固体溶入水中,形成自由移动的

图 10 - 1 难溶电解质 AgCl 的沉淀-溶解平衡

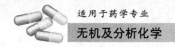

离子,这个过程称为溶解;而溶液中不断运动着的 Ag^+ 和 Cl^- 在接近固体的表面时又会重新沉积于固体表面,这个过程称为沉淀。这是两个相反的过程,可表示如下:

$$AgCl(s) \underset{沉淀}{\overset{溶解}{\rightleftharpoons}} Ag^+ + Cl^-$$

当溶解和沉淀生成的速率相等时,溶液中离子的浓度不再变化,体系达到平衡状态,这个平衡称为沉淀溶解平衡,此时的溶液为饱和溶液。

二、溶度积常数

一定温度下,在难溶电解质的饱和溶液中,各离子浓度幂的乘积为常数,称为难溶电解质的溶度积常数,简称溶度积,用 K_{sp} 表示。常见难溶电解质的溶度积常数见附录 3。

若难溶电解质为 A_mB_n 型,在一定温度下,其饱和溶液中存在下列沉淀溶解平衡:

$$A_mB_n(s) \rightleftharpoons mA^{n+} + nB^{m-}$$

其溶度积常数的表达式为:

$$K_{sp} = [A^{n+}]^m \cdot [B^{m-}]^n$$

以 $AgCl$ 为例,当 $AgCl$ 在水溶液中达到沉淀溶解平衡时:

$$AgCl(s) \underset{沉淀}{\overset{溶解}{\rightleftharpoons}} Ag^+ + Cl^-$$

$$K_{sp(AgCl)} = [Ag^+][Cl^-]$$

K_{sp} 的相关特点如下。

(1) 和其他平衡常数一样,K_{sp} 只是温度的函数,与溶液中离子浓度无关。

(2) 在一定温度下,K_{sp} 的大小可以反映物质的溶解能力和生成沉淀的难易。K_{sp} 的值越大,表明该物质在水中溶解的趋势越大,生成沉淀的趋势越小;反之 K_{sp} 的值越小,表明该物质在水中溶解的趋势越小,生成沉淀的趋势越大。

三、溶度积与溶解度的关系

溶度积是一个常数,是指一定温度下,在难溶电解质的饱和溶液中,各离子浓度幂的乘积,其只与温度有关。而难溶电解质的溶解度,是指在一定温度下该电解质在纯水中饱和溶液的浓度,用 s 表示,其不仅与温度有关,还与溶液的组成、酸碱度等有关。一定条件下,溶解度 s 和溶度积 K_{sp} 可以进行换算。

【案例 10-1】 25℃时,AgBr 的溶解度为 8.8×10^{-7} mol·L^{-1},求该温度下 AgBr 的溶度积。

解: $$AgBr \rightleftharpoons Ag^+ + Br^-$$

平衡时浓度 $\qquad\qquad\qquad\qquad\qquad s \qquad s$

$$K_{sp(AgBr)} = [Ag^+][Br^-] = s^2 = (8.8 \times 10^{-7})^2 = 7.7 \times 10^{-13}$$

则该温度下 AgBr 的溶度积为 7.7×10^{-13}。

一般情况下,溶解度 s 和溶度积 K_{sp} 都可以反映难溶电解质在水中的溶解能力的大小。但溶度积大的难溶电解质,其溶解度不一定也大,这与其类型有关。对于同种类型难溶性电解质(如 AgCl,AgBr,AgI 都属于 AB 型),可直接用 K_{sp} 的数值大小来比较它们溶解度的大小,难溶电解质的 K_{sp} 越大,其溶解度也越大,K_{sp} 越小,其溶解度也越小。但对于不同类型难溶性电解质(如 AgCl 是 AB 型,Ag_2CrO_4 是 A_2B 型),由于溶度积表达式中离子浓度的幂指数不同,不能从溶度积的大小来直接比较溶解度的大小,其溶解度的相对大小须经计算才能进行比较。不同类型的难溶性电解质溶解度与溶度积的换算列于表 10-1。

表 10-1　不同类型难溶性电解质溶解度与溶度积的换算

电解质类型	举　例	计算公式
AB	AgBr	$K_{sp} = s^2$
A_2B	Ag_2CrO_4	$K_{sp} = 4s^3$
AB_2	CaF_2	$K_{sp} = 4s^3$
AB_3	$Fe(OH)_3$	$K_{sp} = s(3s)^3 = 27s^4$
A_3B	Ag_3PO_4	$K_{sp} = s(3s)^3 = 27s^4$
A_3B_2	$Ca_3(PO_4)_2$	$K_{sp} = (3s)^3(2s)^2 = 108s^5$

【案例 10-2】　25℃时,AgCl 和 Ag_2CrO_4 的 K_{sp} 分别为 1.8×10^{-10} 和 1.1×10^{-12},试比较在此温度的纯水中,AgCl 和 Ag_2CrO_4 哪个的溶解度更大?

解:可分别计算出 AgCl 和 Ag_2CrO_4 溶解度,然后进行比较。

首先计算 Ag_2CrO_4 在纯水中的溶解度:设饱和溶液中溶解的 Ag_2CrO_4 的浓度为 s_1 mol·L^{-1},则溶液中 $[Ag^+]$ 为 $2s_1$ mol·L^{-1},$[CrO_4^{2-}]$ 为 s_1 mol·L^{-1}。

$$Ag_2CrO_4(s) \rightleftharpoons 2Ag^+ + CrO_4^{2-}$$

平衡时浓度　　　　　　　　　　　　　　$2s_1$　　　　s_1

$$K_{sp}(Ag_2CrO_4) = [2s_1]^2 \cdot [2s_1] = 4s_1^3$$

$$s_1 = \sqrt[3]{\frac{K_{sp}(Ag_2CrO_4)}{4}} = 7.9 \times 10^{-5} \text{ mol·L}^{-1}$$

同理,设 AgCl 的饱和溶液中,AgCl 的溶解度为 s_2 mol·L^{-1},则:

$$AgCl(s) \rightleftharpoons Ag^+ + Cl^-$$

平衡时浓度　　　　　　　　　　　　　s_2　　　s_2

$$K_{sp}(AgCl) = s_2 \cdot s_2 = s_2^2$$

$$s_2 = \sqrt{K_{sp}(AgCl)} = 1.25 \times 10^{-5} \text{ mol·L}^{-1}$$

由以上计算结果可见,Ag_2CrO_4 的溶度积常数比 AgCl 小,但在纯水中的溶解度比 AgCl 在纯水中的溶解度大。

四、溶度积规则

在一定温度下,任一难溶电解质在水溶液中均存在以下离解过程:

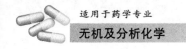
$$A_m B_n(s) \rightleftharpoons mA^{n+} + nB^{m-}$$

在此过程中的任意状态,各离子浓度幂的乘积可用难溶电解质的离子积 Q 表示:

$$Q = [A^{n+}]^m \cdot [B^{m-}]^n$$

对某一难溶性电解质,通过比较 Q 及 K_{sp} 的大小,可判断沉淀生成和溶解的关系,这一方式称为溶度积规则。

(1)当 $Q < K_{sp}$ 时,为不饱和溶液,反应向沉淀溶解的方向进行,直至 $Q = K_{sp}$ 时达到平衡。

(2)当 $Q = K_{sp}$ 时,为饱和溶液,溶液处于沉淀溶解平衡状态。

(3)当 $Q > K_{sp}$ 时,为过饱和溶液,反应向沉淀生成的方向进行,直至 $Q = K_{sp}$ 时达到平衡。

利用溶度积规则,我们可以通过控制溶液中离子的浓度,使沉淀产生或溶解。

第二节 沉淀滴定法

沉淀滴定法是基于沉淀反应的一类滴定分析方法。用于沉淀滴定反应必须符合下列条件:①反应速率快;②沉淀的组成恒定,溶解度小;③有确定化学计量点的简单方法(如适当的指示剂);④沉淀的吸附及共沉淀不影响化学计量点的测定。

虽然沉淀反应很多,但很多反应由于产生的沉淀组成不恒定、溶解度大、易形成过饱和溶液、反应速度慢、容易产生共沉淀等原因,使能符合以上沉淀滴定反应条件的沉淀反应并不多。

目前应用最多的是生成难溶银盐的反应,又称为银量法。银量法可以测定 Cl^-,Br^-,I^-,Ag^+,CN^-,SCN^- 等离子。例如:

$$Ag^+ + X^- \Longrightarrow AgX\downarrow (X = Cl^-, Br^-, I^-)$$
$$Ag^+ + Cl^- \Longrightarrow AgCl\downarrow$$
$$Ag^+ + SCN^- \Longrightarrow AgSCN\downarrow$$

银量法根据确定终点采用的指示剂不同,主要分为铬酸钾指示剂法、铁铵矾指示剂法和吸附指示剂法。

一、铬酸钾指示剂法

(一)原理

铬酸钾指示剂法又称莫尔法,是以铬酸钾(K_2CrO_4)作指示剂,在中性或弱碱性溶液中用 $AgNO_3$ 标准溶液直接滴定 Cl^- 或 Br^- 的银量法。

以 Cl^- 为例,由于 AgCl 的溶解度(1.3×10^{-5} mol·L^{-1})小于 Ag_2CrO_4 的溶解度(8.0×10^{-5} mol·L^{-1}),从溶度积的角度考虑,AgCl 比 Ag_2CrO_4 开始沉淀时所需的 Ag^+ 离子浓度小,因此,当 $AgNO_3$ 标准溶液滴定同时含 Cl^- 及 CrO_4^{2-} 的溶液时,首先析出 AgCl 白色沉

淀,当 Cl^- 被 Ag^+ 定量沉淀完全后,稍过量的 Ag^+ 与 CrO_4^{2-} 形成砖红色沉淀,以此指示滴定终点。其反应式为:

$$计量点前：Ag^+ + Cl^- \Longrightarrow AgCl\downarrow（白色）$$
$$计量点时：Ag^+ + CrO_4^{2-} \Longrightarrow Ag_2CrO_4\downarrow（砖红色）$$

滴定过程溶液组成变化如图 10 - 2 所示。

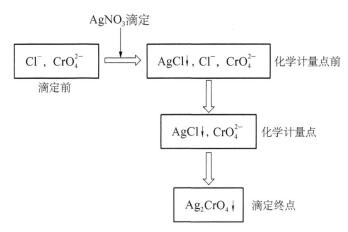

图 10 - 2　铬酸钾指示剂法滴定 Cl^- 滴定过程溶液组成变化

(二) 滴定条件

1. K_2CrO_4 指示剂的用量　指示剂 CrO_4^{2-} 的浓度必须合适。若浓度过高,一方面将会使 Ag_2CrO_4 沉淀提前出现,引起终点提前;另一方面,CrO_4^{2-} 本身的黄色会影响对终点的观察。但浓度太小,要使 Ag_2CrO_4 沉淀出现,又会多消耗一些 $AgNO_3$ 标准溶液,使终点滞后。一般 K_2CrO_4 的浓度以 $0.005\ mol \cdot L^{-1}$ 为宜。

2. 溶液的酸度　莫尔法应当在中性或弱碱性介质中进行,适宜的 pH 范围为 pH $= 6.5 \sim$ 10.5。因为如果溶液酸性较强,溶液中 CrO_4^{2-} 转化为 $Cr_2O_7^{2-}$,使 CrO_4^{2-} 浓度降低,使 Ag_2CrO_4 沉淀出现延迟;如果溶液的碱性太强,将析出 Ag_2O 沉淀。

3. 滴定时需充分振摇　滴定过程中产生的 AgCl 或 AgBr 沉淀容易吸附溶液中的 Cl^- 或 Br^-,使 Cl^- 或 Br^- 的浓度降低,Ag_2CrO_4 沉淀提前出现。滴定过程中充分振摇,及时释放出 Cl^- 或 Br^-,可防止终点提前。

4. 消除干扰离子　莫尔法的选择性较差,凡能与银离子生成沉淀的阴离子,(如 S^{2-},CO_3^{2-},PO_4^{3-},SO_3^{2-},$C_2O_4^{2-}$ 等),能与铬酸根离子生成沉淀的阳离子(如 Ba^{2+},Pb^{2+} 等),能与银离子或氯离子配位的离子或分子(如 $S_2O_3^{2-}$,NH_3,EDTA,CN^- 等),能发生水解的金属离子(如 Fe^{3+},Al^{3+},Bi^{3+},Sn^{4+} 等),对终点的颜色的观察也有影响的有色离子(如 Cu^{2+},Co^{2+} 等)均对测定有干扰,应预先除去。如 S^{2-} 可在酸性溶液中使生成 H_2S 加热除去,SO_3^{2-} 可氧化为 SO_4^{2-},Ba^{2+} 可通过加入过量的 Na_2SO_4 使生成 $BaSO_4$ 沉淀等。

(三) 应用范围

(1) 莫尔法可用于测定 Cl^- 或 Br^-。

(2) 莫尔法不能用于测定 I^- 和 SCN^-,因为 AgI 或 AgSCN 沉淀能强烈吸附 I^- 或

SCN^-,使终点提前。

二、铁铵矾指示剂法

(一) 原理

铁铵矾指示剂法又称佛尔哈德法,是在酸性介质中以铁铵矾$[NH_4Fe(SO_4)_2 \cdot 12H_2O]$作指示剂,用 KSCN 或用 NH_4SCN 为标准溶液来滴定的一种银量法。由于测定的对象不同,佛尔哈德法可分为直接滴定法和返滴定法。

1. **直接滴定法测定 Ag^+** 在含有 Ag^+ 的酸性溶液中,加入铁铵矾指示剂,用硫氰酸铵(NH_4SCN)标准溶液滴定,溶液中先析出白色的 AgSCN 沉淀,达到化学计量点后,微过量的 NH_4SCN 与 Fe^{3+} 生成红色配离子$[Fe(SCN)]^{2+}$,指示滴定终点到达。其反应式如下:

$$化学计量点前:Ag^+ + SCN^- \Longrightarrow AgSCN\downarrow(白色)$$
$$化学计量点后:Fe^{3+} + SCN^- \Longrightarrow [Fe(SCN)]^{2+}(红色)$$

滴定过程溶液组成变化如图 10-3 所示。

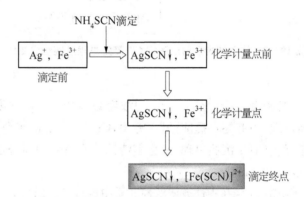

图 10-3 铁铵矾指示剂法直接滴定法测定 Ag^+ 滴定过程溶液组成变化

注意事项如下。

(1) 因为滴定过程中产生的沉淀 AgSCN 会吸附溶液中的 Ag^+,导致终点提前,所以在滴定时须剧烈振荡溶液,及时释放被吸附的 Ag^+,避免指示剂过早显色。

(2) 溶液中的酸性如果太低,Fe^{3+} 容易发生水解,生成棕色的 $Fe(OH)_3$,影响终点观察,因此,直接滴定法中氢离子浓度一般控制在 $0.1 \sim 1$ mol $\cdot$ L^{-1}。

2. **返滴定法测定卤素离子** 在含有卤素离子(X^-)的硝酸溶液中,加入适当过量的 $AgNO_3$ 标准溶液,以铁铵矾为指示剂,用硫氰酸铵(NH_4SCN)标准溶液返滴定剩余的 $AgNO_3$ 溶液。以滴定 Cl^- 为例:

$$滴定前:Ag^+(过量) + Cl^- \Longrightarrow AgCl\downarrow(白色)$$
$$化学计量点前:Ag^+(剩余) + SCN^- \Longrightarrow AgSCN\downarrow(白色)$$

当化学计量点时稍过量 SCN^- 与铁铵矾为指示剂中的 Fe^{3+} 反应生成红色$[Fe(SCN)]^{2+}$

指示终点。

$$化学计量点后：Fe^{3+} + SCN^- \rightleftharpoons [Fe(SCN)]^{2+}（红色）$$

滴定过程溶液组成变化如图 10-4 所示。

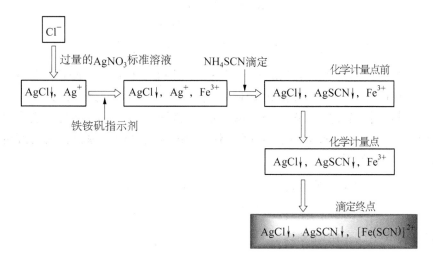

图 10-4　铁铵矾指示剂法，返滴定法测定 Cl⁻ 滴定过程溶液组成变化

（二）滴定条件

（1）指示剂用量：Fe^{3+} 浓度太大，溶液黄色较深，影响终点观察；Fe^{3+} 浓度太低，生成的 $[Fe(SCN)]^{2+}$ 又不易观察到红色。通常 Fe^{3+} 的浓度为 0.015 mol·L⁻¹。

（2）溶液酸度：滴定应在酸性溶液（稀硝酸）中进行以防止 Fe^{3+} 水解。一般控制溶液氢离子浓度在 0.2～0.5 mol·L⁻¹ 之间。

（3）当用返滴定法测定 Cl⁻时，需在滴定前加入少量硝基苯覆盖于 AgCl 沉淀表面，或将 AgCl 沉淀过滤分离后再滴定，以防止由于 AgCl 溶解度大于 AgSCN 溶解度而发生的 AgCl 向 AgSCN 沉淀的转化，导致终点拖后，甚至无法到达终点。反应式如下：

$$AgCl + SCN^- \rightleftharpoons AgSCN + Cl^-$$

（4）当用返滴定法测定 I⁻时，须先加过量 $AgNO_3$，再加入指示剂，防止 Fe^{3+} 氧化 I⁻ 为 I_2，无法指示终点。

（三）应用范围

直接滴定法可用于测定 Ag^+；返滴定法可用于测定 Cl^-，Br^-，I^-，SCN^-，PO_4^{3-}，AsO_4^{3-} 等。铁铵矾指示剂法除可用于无机物的测定外，也可用于测定有机化合物中的卤素含量，如有机含氯农药等。

三、吸附指示剂法

（一）原理

吸附指示剂法（法扬斯法）是用吸附指示剂指示滴定终点的银量法。吸附指示剂是一类有色的有机染料,当它被沉淀表面吸附后,其分子结构发生变化,导致其颜色改变而指示滴定终点。以用荧光黄作为吸附指示剂,$AgNO_3$ 标准溶液滴定 Cl^- 为例。

荧光黄吸附指示剂是一种有机弱酸,在溶液中可解离出黄绿色的 FIn^- 阴离子:

$$HFIn \rightleftharpoons H^+ + FIn^-$$
$$\text{黄绿色}$$

滴定反应:$Ag^+ + Cl^- \rightleftharpoons AgCl \downarrow (\text{白色})$

在化学计量点前,溶液中有剩余的 Cl^- 存在,AgCl 沉淀吸附 Cl^- 而带负电荷,荧光黄指示剂阴离子 FIn^- 因被排斥而不被吸附,因此,溶液呈 FIn^- 阴离子的黄绿色。

在化学计量点后,稍过量的 Ag^+ 被 AgCl 沉淀吸附而带正电荷,这时溶液中 FIn^- 阴离子被带正电荷的 AgCl 沉淀吸附而呈粉红色,溶液颜色则随之由黄绿色变为粉红色,指示滴定终点到达。反应式如下:

$$(AgCl) \cdot Ag^+ + FIn^- \longrightarrow (AgCl) \cdot Ag \cdot FIn$$
$$\qquad\qquad\qquad \text{黄绿色} \qquad\qquad\qquad\qquad \text{粉红色}$$

滴定过程溶液组成变化如图 10-5 所示。

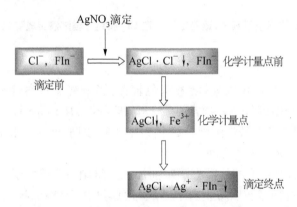

图 10-5　吸附指示剂法,$AgNO_3$ 标准溶液滴定 Cl^- 过程
溶液组成变化

(二) 滴定条件

1. 沉淀保持溶胶状态　溶胶状态存在的沉淀可具有较大的比表面,从而可吸附更多的指示剂,因此常在滴定时加入一些胶体保护剂(如糊精、淀粉等)。

2. 溶液酸度适当　吸附指示剂多为有机弱酸,其阴离子发挥着指示作用,溶液酸度适当有利于指示剂呈阴离子状态。例如,荧光黄适用于 $pH = 7 \sim 10$ 的条件下进行滴定,当 $pH < 7$,荧光黄主要以分子形式存在,不被吸附而无法指示终点。

3. 滴定时避免强光照射　卤化银沉淀易感光变黑,影响终点观察。

4. 吸附指示剂的适当选择　沉淀对指示剂的吸附能力应略小于被待测离子的吸附能力,否则指示剂将在化学计量点前变色,但如果太小,又会使颜色变化不敏锐,终点推迟。

卤化银对卤化物和几种吸附指示剂的吸附能力的排序为:I^- > 二甲基二碘荧光黄 > Br^- > 曙红 > Cl^- > 荧光黄。

（三）应用范围

法扬斯法可用于测定 Cl^-，Br^-，I^- 和 SCN^- 及生物碱盐类等。测定 Cl^- 时用荧光黄作指示剂；测定 Br^-，I^-，SCN^- 时则用曙红作指示剂。

第三节 基准物质及标准溶液

一、基准物质

银量法常用的基准物质是基准硝酸银（或市售一级纯硝酸银）和氯化钠。

二、标准溶液

银量法的标准溶液是 $AgNO_3$ 标准溶液及 NH_4SCN 标准溶液。

1. $AgNO_3$ 标准溶液

（1）直接配制法：精密称定基准硝酸银定容溶解配制。

（2）间接配制法：先用分析纯硝酸银配制成适当浓度溶液，再用基准 NaCl 标定。

注意：①$AgNO_3$ 溶液见光容易分解，应于棕色瓶中避光保存。②$AgNO_3$ 溶液存放一段时间后，应重新标定。

2. NH_4SCN 标准溶液 NH_4SCN 试剂一般含硫酸盐、氯化物等杂质，因此其标准溶液要采用间接配制法，先配制成近似浓度的溶液，再以铁铵矾为指示剂，用硝酸银标准溶液来进行标定。

第四节 沉淀滴定法的应用与示例

一、沉淀滴定法测定相关药物含量

在药物分析中，沉淀滴定法可用于测定符合滴定分析要求的卤素及拟卤素类药物，如生理盐水、电解质补充药 KCl 等。

1. 生理盐水中 NaCl 的含量测定

【案例 10-3】 量取生理盐水 20.00 ml，以 K_2CrO_4 为指示剂，用 0.104 5 mol·L^{-1} $AgNO_3$ 滴定至砖红色，共消耗 $AgNO_3$ 标准溶液 28.00 ml，计算生理盐水中 NaCl 的含量（g·ml^{-1}）。

解：
$$\rho_{NaCl} = \frac{V_{AgNO_3} c_{AgNO_3} M_{NaCl}}{V_{NaCl}}$$

$$= \frac{28.00 \times 0.104\,5 \times 58.5 \times 10^{-3}}{20.00}$$

$$= 0.009\ g \cdot ml^{-1}$$

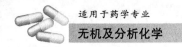

则:生理盐水中 NaCl 的含量为 $0.09\ \mathrm{g \cdot ml^{-1}}$。

2. 电解质补充药 KCl 的含量测定

【案例 10-4】 精密称取氯化钾试样 $0.150\ 2\ \mathrm{g}$,置于 250 ml 的锥形瓶中,加纯化水 50 ml 振摇使其溶解,加 2% 糊精溶液 5 ml、2.5% 硼砂溶液 2 ml、荧光黄指示剂 5~8 滴,用 19.01 ml $AgNO_3$ 滴定液($0.101\ 0\ \mathrm{mol \cdot L^{-1}}$)滴定至终点。每毫升 $AgNO_3$ 滴定液($0.100\ 0\ \mathrm{mol \cdot L^{-1}}$)相当于 KCl 7.455 mg。《中华人民共和国药典》规定 KCl 含量不得低于 99.5%,求样品中 KCl 含量是否符合要求。

解:
$$
\begin{aligned}
\mathrm{KCl\%} &= \frac{V_{AgNO_3} \times T_{KCl/AgNO_3} \times F}{m_s} \times 100\% \\
&= \frac{19.01 \times 7.455 \times \dfrac{0.101\ 0}{0.100\ 0}}{0.150\ 2 \times 1\ 000} \times 100\% \\
&= 95.3\%
\end{aligned}
$$

则样品中 KCl 含量不符合要求。

二、沉淀滴定法测定相关化合物含量

精密称取一定质量的溴化钾试样 $0.081\ 5\ \mathrm{g}$,用纯化水溶解后,用 HNO_3 调节酸性,加入准确过量的 $0.101\ 0\ \mathrm{mol \cdot L^{-1}}$ 的 $AgNO_3$ 滴定液 20.00 ml,振摇使溴化钾反应完全,再用 $0.100\ 0\ \mathrm{mol \cdot L^{-1}}$ NH_4SCN 13.50 ml 滴定液滴定至溶液为淡棕红色。计算溴化钾的含量(溴化钾的相对分子质量为 119.00)。

解:
$$
\begin{aligned}
\mathrm{KBr\%} &= \frac{(c_{AgNO_3}V_{AgNO_3} - c_{NH_4SCN}V_{NH_4SCN})M_{KBr} \times 10^{-3}}{m_s} \times 100\% \\
&= \frac{(0.101\ 0 \times 20.00 - 0.100\ 0 \times 13.50) \times 119.00 \times 10^{-3}}{0.081\ 5} \times 100\% \\
&= 97.8\%
\end{aligned}
$$

则:样品中溴化钾的含量为 97.8%。

小 结

1. 溶度积

溶度积	$K_{sp} = [\mathrm{A}^{n+}]^m \cdot [\mathrm{B}^{m-}]^n$	
溶度积规则	$Q = K_{sp}$,饱和溶液(溶液沉淀溶解平衡)	无沉淀生成,无固体溶解
	$Q > K_{sp}$,溶液过饱和	有沉淀生成
	$Q < K_{sp}$,溶液未饱和	若溶液中有沉淀存在,沉淀会发生溶解

2. 沉淀滴定法（根据指示剂分类）

沉淀滴定法	滴定液
铬酸钾指示剂法（莫尔法）	$AgNO_3$
铁铵钒指示剂法（佛尔哈德法）	KSCN 或 NH_4SCN
吸附指示剂法（法扬斯法）	$AgNO_3$

习　题

一、选择题

1. 银量法分为 3 类是按以下何种物质分类的

　　A．滴定液　　　　B．待测物　　　　C．指示剂　　　　D．产物　　　　E．沉淀

2. 莫尔法的滴定液为

　　A．K_2CrO_4　　　B．$AgNO_3$　　　C．AgCl　　　D．NaCl　　　E．$K_2Cr_2O_7$

3. 莫尔法的指示剂为

　　A．K_2CrO_4　　　B．铁铵钒　　　C．AgCl　　　D．吸附指示剂　　　E．$K_2Cr_2O_7$

4. 佛尔哈德法的指示剂为

　　A．K_2CrO_4　　　B．铁铵钒　　　C．AgCl　　　D．吸附指示剂　　　E．$K_2Cr_2O_7$

5. 法扬斯法的指示剂为

　　A．K_2CrO_4　　　B．铁铵钒　　　C．AgCl　　　D．吸附指示剂　　　E．$K_2Cr_2O_7$

6. 莫尔法的终点为

　　A．K_2CrO_4 黄色沉淀　　　　　　　　B．Ag_2CrO_4 白色沉淀

　　C．AgCl 白色沉淀　　　　　　　　　　D．AgSCN 白色沉淀

　　E．Ag_2CrO_4 砖红色沉淀

7. NH_4SCN 滴定液的标定采用的是

　　A．$AgNO_3$　　　B．AgCl　　　C．铁铵钒　　　D．NaCl　　　E．K_2CrO_4

8. 法扬斯法在开始滴定前，应加入（　　）保护胶体

　　A．硝基苯　　　B．淀粉　　　C．AgCl　　　D．K_2CrO_4　　　E．NaCl

9. 法扬斯法中沉淀对被测离子的吸附能力应（　　）对指示剂离子的吸附能力

　　A．不小于　　　B．略大于　　　C．等于　　　D．略小于　　　E．小于

10. 用吸附指示剂法测定测定 I^- 宜选用的指示剂为

　　A．曙红　　　　　　B．荧光黄　　　　　　C．二甲基二碘荧光黄

　　D．酚酞　　　　　　E．铬黑 T

11. 用吸附指示剂法测定 Cl^- 时，宜选用的指示剂为

　　A．曙红　　　　　　B．荧光黄　　　　　　C．二甲基二碘荧光黄

　　D．酚酞　　　　　　E．铬黑 T

12. 用吸附指示剂法测定 Br^- 宜选用的指示剂为

　　A．曙红　　　　　　B．荧光黄　　　　　　C．二甲基二碘荧光黄

　　D．酚酞　　　　　　E．铬黑 T

13. 利用莫尔法测定 Cl^- 在中性或弱碱性介质中含量时,若酸度高,则

    A. 不形成 AgCl 沉淀   B. AgCl 吸附 Cl^- 能力增强

    C. 终点延迟沉淀不易形成   D. Ag_2CrO_4 沉淀吸附 Cl^- 能力增强

    E. 终点提前

14. 铁铵矾指示剂法应在下列哪种条件下进行

    A. 酸性   B. 弱酸性   C. 中性   D. 弱碱性   E. 强碱性

15. 铁铵矾指示剂法测定 Ag^+ 含量时,终点颜色为

    A. 粉红色   B. 黄色   C. 黄绿色   D. 蓝色   E. 紫色

16. 将 $AgNO_3$ 溶液逐滴加入到含有相等浓度的 I^- 和 Cl^- 的溶液中,最先析出的是

    A. AgCl   B. AgI   C. 同时析出

    D. 无沉淀   E. 不确定

二、名词解释

1. 银量法   2. 福尔哈德法   3. 法扬斯法   4. 重量分析法

三、计算题

1. 取 0.201 5 g 电解质补充药 NaCl 溶于水后,以 K_2CrO_4 为指示剂,用 $0.123\ 0\ mol \cdot L^{-1}$ $AgNO_3$ 标准溶液滴定至终点,消耗 22.50 ml。试计算该电解质补充药中 NaCl 的百分含量(氯化钠相对分子质量为 58.44)。

2. 称取某氯化钾试样 0.230 5 g,溶解于水后,加入 $0.102\ 1\ mol \cdot L^{-1}$ $AgNO_3$ 标准溶液 30.00 ml;过量的 $AgNO_3$ 用 $0.102\ 3\ mol \cdot L^{-1}$ NH_4SCN 标准溶液滴定至终点,用去 6.50 ml。计算试样中氯化钾的百分含量(氯化钾相对分子质量为 74.55)。

3. 采用法扬斯法测定碘化钾原料药中碘化钾含量,称取试样 1.552 0 g,溶于水后,用 $0.105\ 5\ mol \cdot L^{-1}$ $AgNO_3$ 标准溶液滴定,消耗 20.50 ml,试计算试样中 KI 的百分含量(碘化钾相对分子质量为 166.00)。

4. 取尿样 10.00 ml,加入 $0.120\ 0\ mol \cdot L^{-1}$ $AgNO_3$ 溶液 30.00 ml,过剩的 $AgNO_3$ 用 $0.100\ 0\ mol \cdot L^{-1}$ NH_4SCN 溶液滴定,用去 6.00 ml,计算 1 500 ml 尿液中含有 NaCl 多少克?

5. 用铬酸钾法测定生理盐水中的 NaCl 的含量,准确量取生理盐水 10.00 ml,以 Ag_2CrO_4 为指示剂,用 $0.150\ 4\ mol \cdot L^{-1}$ $AgNO_3$ 滴定至砖红色,共消耗 $AgNO_3$ 标准溶液 25.58 ml。计算生理盐水中 NaCl 的含量($g \cdot ml^{-1}$)。

附 录

无 · 机 · 及 · 分 · 析 · 化 · 学

附录1 弱酸、弱碱在水中的解离常数(25℃，I＝0)

1. 弱酸

名称	化学式	分步	酸解离常数 K_a
砷酸	H_3AsO_4	K_{a_1}	6.3×10^{-3}
		K_{a_2}	1.0×10^{-7}
		K_{a_3}	3.2×10^{-12}
亚砷酸	$HAsO_3$		6.0×10^{-10}
硼酸	H_3BO_3		5.8×10^{-10}
焦硼酸	$H_2B_4O_7$	K_{a_1}	1.0×10^{-4}
		K_{a_2}	1.0×10^{-9}
碳酸	H_2CO_3	K_{a_1}	4.2×10^{-7}
		K_{a_2}	5.6×10^{-11}
氢氰酸	HCN		6.2×10^{-10}
铬酸	H_2CrO_4	K_{a_1}	1.8×10^{-1}
		K_{a_2}	3.2×10^{-7}
氢氟酸	HF		6.6×10^{-4}
亚硝酸	HNO_2		5.1×10^{-4}
过氧化氢	H_2O_2		1.8×10^{-12}
磷酸	H_3PO_4	K_{a_1}	7.6×10^{-3}
		K_{a_2}	6.3×10^{-8}
		K_{a_3}	4.4×10^{-13}

名称	化学式	分步	酸解离常数 K_a
亚磷酸	H_3PO_3	K_{a_1}	5.0×10^{-2}
		K_{a_2}	2.5×10^{-7}
焦磷酸	$H_4P_2O_7$	K_{a_1}	3.0×10^{-2}
		K_{a_2}	4.4×10^{-3}
		K_{a_3}	2.5×10^{-7}
		K_{a_4}	5.6×10^{-10}
氢硫酸	H_2S	K_{a_1}	1.3×10^{-7}
		K_{a_2}	7.1×10^{-15}
硫酸氢根	HSO_4^-	K_{a_2}	1.0×10^{-2}
亚硫酸	H_2SO_3	K_{a_1}	1.3×10^{-2}
		K_{a_2}	6.3×10^{-8}
偏硅胶	H_2SiO_3	K_{a_1}	1.7×10^{-10}
		K_{a_2}	1.6×10^{-12}
甲酸	$HCOOH$		1.8×10^{-4}
乙酸	CH_3COOH		1.8×10^{-5}
一氯乙酸	$CH_2ClCOOH$		1.4×10^{-3}
二氯乙酸	$CHCl_2COOH$		5.0×10^{-2}
三氯乙酸	CCl_3COOH		0.23
草酸	$H_2C_2O_4$	K_{a_1}	5.9×10^{-2}
		K_{a_2}	6.4×10^{-5}
乳酸	$CH_3CHOHCOOH$		1.4×10^{-4}
苯甲酸	C_6H_5COOH		6.2×10^{-5}
苯酚	C_6H_5OH		1.1×10^{-10}
d-酒石酸	$CH(OH)COOH$ $CH(OH)COOH$		9.1×10^{-4} 4.3×10^{-5}
邻苯二甲酸		K_{a_1}	1.1×10^{-3}
		K_{a_2}	3.9×10^{-6}
柠檬酸	CH_2COOH $C(OH)CHOOH$ CH_2COOH	K_{a_1}	7.4×10^{-4}
		K_{a_2}	1.7×10^{-5}
		K_{a_3}	4.0×10^{-7}

续　表

名称	化学式	分步	酸解离常数 K_a
乙二胺四乙酸	H_6Y^{2+}	K_{a_1}	0.13
	H_5Y^+	K_{a_2}	3.0×10^{-2}
	H_4Y	K_{a_3}	1.0×10^{-2}
	H_3Y^-	K_{a_4}	2.1×10^{-3}
	H_2Y^{2-}	K_{a_5}	6.9×10^{-7}
	HY^{3-}	K_{a_6}	5.5×10^{-11}

2. 弱碱

名称	化学式	分步	碱解离常数 K_b
氨水	$NH_3 \cdot H_2O$		1.8×10^{-5}
羟氨	NH_2OH		9.1×10^{-9}
联氨	H_2NNH_2	K_{b_1}	3.0×10^{-6}
		K_{b_2}	7.6×10^{-15}
甲胺	CH_3NH_2		4.2×10^{-4}
二甲胺	$(CH_3)_2NH_2$		1.2×10^{-4}
乙胺	$C_2H_5NH_2$		5.6×10^{-4}
二乙胺	$(C_2H_5)_2NH_2$		1.3×10^{-3}
乙二胺	$H_2NCN_2CH_2NH_2$	K_{b_1}	$8.3 \times 10^{-5}(K_{b1})$
		K_{b_2}	$7.1 \times 10^{-8}(K_{b2})$
乙醇胺	$HOCH_2CH_2NH_2$		3.2×10^{-5}
三乙醇胺	$(HOCH_2CH_2)_3N$		5.8×10^{-7}
六甲亚基四胺	$(CH_2)_6N_4$		1.4×10^{-9}
苯胺	$C_6H_5NH_2$		4.3×10^{-10}
苯甲胺	$C_6H_5CH_2NH_2$		2.1×10^{-5}
吡啶	C_5H_5N		1.7×10^{-9}

附录2　金属配合物的稳定常数(18～25℃，I=0.1)

金属离子	lg K(配位剂 EDTA)	金属离子	lg K(配位剂 EDTA)
Ag^+	7.32	In^{3+}	25.0
Al^{3+}	16.3	Li^+	2.79
Ba^{2+}	7.86	Mg^{2+}	8.7
Be^{2+}	9.2	Mn^{2+}	13.87
Bi^{3+}	27.94	Na^+	1.66
Ca^{2+}	10.69	Ni^{2+}	18.62
Cd^{2+}	16.46	Pb^{2+}	18.04
Co^{2+}	16.31	Pd^{2+}	18.5
Co^{3+}	36	Sn^{2+}	22.11
Cr^{3+}	23.4	Sr^{2+}	8.73
Cu^{2+}	18.80	TiO^{2+}	17.3
Fe^{2+}	14.32	Tl^{3+}	37.8
Fe^{3+}	25.1	VO^{2+}	18.8
Ga^{3+}	20.3	Zn^{2+}	16.5
Hg^{2+}	21.7	Zr^{4+}	29.5

附录3　常见难溶化合物的溶度积(18～25℃)

难溶化合物	分子式	K_{sp}
砷酸银	Ag_3AsO_4	1.0×10^{-22}
溴化银	$AgBr$	5.0×10^{-13}
碳酸银	Ag_2CO_3	8.1×10^{-12}
氯化银	$AgCl$	1.8×10^{-10}
氰化银	$AgCN$	1.2×10^{-16}
氢氧化银	$AgOH$	2.0×10^{-8}
碘化银	AgI	9.3×10^{-17}
硫氰酸银	$AgSCN$	1.0×10^{-12}
铬酸银	Ag_2CrO_4	2.0×10^{-12}
草酸银	$Ag_2C_2O_4$	3.5×10^{-11}
硫化银	Ag_2S	2.0×10^{-49}
磷酸银	Ag_3PO_4	1.4×10^{-16}
硫酸银	Ag_2SO_4	1.4×10^{-5}
氢氧化铝	$Al(OH)_3$	1.3×10^{-33}
磷酸铋	$BiPO_4$	1.3×10^{-23}
氢氧化铋	$Bi(OH)_3$	4.0×10^{-31}
碘化铋	BiI_3	8.1×10^{-19}

难溶化合物	分子式	K_{sp}
碳酸钡	$BaCO_3$	5.1×10^{-9}
铬酸钡	$BaCrO_4$	1.2×10^{-10}
草酸钡	$BaC_2O_4 \cdot H_2O$	2.3×10^{-8}
硫酸钡	$BaSO_4$	1.1×10^{-10}
碳酸钙	$CaCO_3$	2.9×10^{-9}
氟化钙	CaF_2	2.7×10^{-11}
草酸钙	$CaC_2O_4 \cdot H_2O$	2.0×10^{-9}
硫酸钙	$CaSO_4$	9.1×10^{-8}
磷酸钙	$Ca_3(PO_4)_2$	2.0×10^{-29}
氢氧化铬	$Cr(OH)_3$	6.0×10^{-31}
硫化镉	CdS	7.1×10^{-28}
氢氧化钴	$Co(OH)_3$	2.0×10^{-44}

附录4　标准电极电势表(25℃)

1. 在酸性溶液中

电　对	方程式	φ^{θ} (V)
Li(Ⅰ)—(0)	$Li^+ + e^- = Li$	-3.0401
Cs(Ⅰ)—(0)	$Cs^+ + e^- = Cs$	-3.026
Rb(Ⅰ)—(0)	$Rb^+ + e^- = Rb$	-2.98
K(Ⅰ)—(0)	$K^+ + e^- = K$	-2.931
Ba(Ⅱ)—(0)	$Ba^{2+} + 2e^- = Ba$	-2.912
Sr(Ⅱ)—(0)	$Sr^{2+} + 2e^- = Sr$	-2.89
Ca(Ⅱ)—(0)	$Ca^{2+} + 2e^- = Ca$	-2.868
Na(Ⅰ)—(0)	$Na^+ + e^- = Na$	-2.71
La(Ⅲ)—(0)	$La^{3+} + 3e^- = La$	-2.379
Mg(Ⅱ)—(0)	$Mg^{2+} + 2e^- = Mg$	-2.372
Ce(Ⅲ)—(0)	$Ce^{3+} + 3e^- = Ce$	-2.336
H(0)—(−Ⅰ)	$H_2(g) + 2e^- = 2H^-$	-2.23
Al(Ⅲ)—(0)	$AlF_6^{3-} + 3e^- = Al + 6F^-$	-2.069
Th(Ⅳ)—(0)	$Th^{4+} + 4e^- = Th$	-1.899
Be(Ⅱ)—(0)	$Be^{2+} + 2e^- = Be$	-1.847
U(Ⅲ)—(0)	$U^{3+} + 3e^- = U$	-1.798
Hf(Ⅳ)—(0)	$HfO^{2+} + 2H^+ + 4e^- = Hf + H_2O$	-1.724
Al(Ⅲ)—(0)	$Al^{3+} + 3e^- = Al$	-1.662
Ti(Ⅱ)—(0)	$Ti^{2+} + 2e^- = Ti$	-1.630
Zr(Ⅳ)—(0)	$ZrO_2 + 4H^+ + 4e^- = Zr + 2H_2O$	-1.553
Si(Ⅳ)—(0)	$[SiF_6]^{2-} + 4e^- = Si + 6F^-$	-1.24

电　对	方　程　式	φ^{θ} (V)
Mn(Ⅱ)—(0)	$Mn^{2+} + 2e^- == Mn$	-1.185
Cr(Ⅱ)—(0)	$Cr^{2+} + 2e^- == Cr$	-0.913
Ti(Ⅲ)—(Ⅱ)	$Ti^{3+} + e^- == Ti^{2+}$	-0.9
B(Ⅲ)—(0)	$H_3BO_3 + 3H^+ + 3e^- == B + 3H_2O$	$-0.869\,8$
Te(0)—(-Ⅱ)	$Te + 2H^+ + 2e^- == H_2Te$	-0.793
Zn(Ⅱ)—(0)	$Zn^{2+} + 2e^- == Zn$	$-0.761\,8$
Ta(Ⅴ)—(0)	$Ta_2O_5 + 10H^+ + 10e^- == 2Ta + 5H_2O$	-0.750
Cr(Ⅲ)—(0)	$Cr^{3+} + 3e^- == Cr$	-0.744
Nb(Ⅴ)—(0)	$Nb_2O_5 + 10H^+ + 10e^- == 2Nb + 5H_2O$	-0.644
As(0)—(-Ⅲ)	$As + 3H^+ + 3e^- == AsH_3$	-0.608
U(Ⅳ)—(Ⅲ)	$U^{4+} + e^- == U^{3+}$	-0.607
Ga(Ⅲ)—(0)	$Ga^{3+} + 3e^- == Ga$	-0.549
P(Ⅰ)—(0)	$H_3PO_2 + H^+ + e^- == P + 2H_2O$	-0.508
P(Ⅲ)—(Ⅰ)	$H_3PO_3 + 2H^+ + 2e^- == H_3PO_2 + H_2O$	-0.499
Fe(Ⅱ)—(0)	$Fe^{2+} + 2e^- == Fe$	-0.447
Cr(Ⅲ)—(Ⅱ)	$Cr^{3+} + e^- == Cr^{2+}$	-0.407
Cd(Ⅱ)—(0)	$Cd^{2+} + 2e^- == Cd$	$-0.403\,0$
Se(0)—(-Ⅱ)	$Se + 2H^+ + 2e^- == H_2Se(aq)$	-0.399
Pb(Ⅱ)—(0)	$PbI_2 + 2e^- == Pb + 2I^-$	-0.365
Eu(Ⅲ)—(Ⅱ)	$Eu^{3+} + e^- == Eu^{2+}$	-0.36
Pb(Ⅱ)—(0)	$PbSO_4 + 2e^- == Pb + SO_4^{2-}$	$-0.358\,8$
In(Ⅲ)—(0)	$In^{3+} + 3e^- == In$	$-0.338\,2$
Tl(Ⅰ)—(0)	$Tl^+ + e^- == Tl$	-0.336
Co(Ⅱ)—(0)	$Co^{2+} + 2e^- == Co$	-0.28
P(Ⅴ)—(Ⅲ)	$H_3PO_4 + 2H^+ + 2e^- == H_3PO_3 + H_2O$	-0.276
Pb(Ⅱ)—(0)	$PbCl_2 + 2e^- == Pb + 2Cl^-$	$-0.267\,5$
Ni(Ⅱ)—(0)	$Ni^{2+} + 2e^- == Ni$	-0.257
V(Ⅲ)—(Ⅱ)	$V^{3+} + e^- == V^{2+}$	-0.255
Ge(Ⅳ)—(0)	$H_2GeO_3 + 4H^+ + 4e^- == Ge + 3H_2O$	-0.182
Ag(Ⅰ)—(0)	$AgI + e^- == Ag + I^-$	$-0.152\,24$
Sn(Ⅱ)—(0)	$Sn^{2+} + 2e^- == Sn$	$-0.137\,5$
Pb(Ⅱ)—(0)	$Pb^{2+} + 2e^- == Pb$	$-0.126\,2$
P(0)—(-Ⅲ)	$P(white) + 3H^+ + 3e^- == PH_3(g)$	-0.063
Hg(Ⅰ)—(0)	$Hg_2I_2 + 2e^- == 2Hg + 2I^-$	$-0.040\,5$
Fe(Ⅲ)—(0)	$Fe^{3+} + 3e^- == Fe$	-0.037
H(Ⅰ)—(0)	$2H^+ + 2e^- == H_2$	$0.000\,0$
Ag(Ⅰ)—(0)	$AgBr + e^- == Ag + Br^-$	$0.071\,33$
S(ⅡⅤ)—(Ⅱ)	$S_4O_6^{2-} + 2e^- == 2S_2O_3^{2-}$	0.08
S(0)—(-Ⅱ)	$S + 2H^+ + 2e^- == H_2S(aq)$	0.142
Sn(Ⅳ)—(Ⅱ)	$Sn^{4+} + 2e^- == Sn^{2+}$	0.151
Sb(Ⅲ)—(0)	$Sb_2O_3 + 6H^+ + 6e^- == 2Sb + 3H_2O$	0.152

续 表

电 对	方 程 式	φ^{θ}(V)
Cu(Ⅱ)—(Ⅰ)	$Cu^{2+}+e^- \Longrightarrow Cu^+$	0.153
Bi(Ⅲ)—(0)	$BiOCl+2H^++3e^- \Longrightarrow Bi+Cl^-+H_2O$	0.158 3
S(Ⅵ)—(Ⅳ)	$SO_4{}^{2-}+4H^++2e^- \Longrightarrow H_2SO_3+H_2O$	0.172
Sb(Ⅲ)—(0)	$SbO^++2H^++3e^- \Longrightarrow Sb+H_2O$	0.212
Ag(Ⅰ)—(0)	$AgCl+e^- \Longrightarrow Ag+Cl^-$	0.222 33
As(Ⅲ)—(0)	$HAsO_2+3H^++3e^- \Longrightarrow As+2H_2O$	0.248
Hg(Ⅰ)—(0)	$Hg_2Cl_2+2e^- \Longrightarrow 2Hg+2Cl^-$ （饱和 KCl）	0.268 08
Bi(Ⅲ)—(0)	$BiO^++2H^++3e^- \Longrightarrow Bi+H_2O$	0.320
U(Ⅵ)—(Ⅳ)	$UO_2{}^{2+}+4H^++2e^- \Longrightarrow U^{4+}+2H_2O$	0.327
C(Ⅳ)—(Ⅲ)	$2HCNO+2H^++2e^- \Longrightarrow (CN)_2+2H_2O$	0.330
V(Ⅳ)—(Ⅲ)	$VO^{2+}+2H^++e^- \Longrightarrow V^{3+}+H_2O$	0.337
Cu(Ⅱ)—(0)	$Cu^{2+}+2e^- \Longrightarrow Cu$	0.341 9
Re(Ⅶ)—(0)	$ReO_4{}^-+8H^++7e^- \Longrightarrow Re+4H_2O$	0.368
Ag(Ⅰ)—(0)	$Ag_2CrO_4+2e^- \Longrightarrow 2Ag+CrO_4{}^{2-}$	0.447 0
S(Ⅳ)—(0)	$H_2SO_3+4H^++4e^- \Longrightarrow S+3H_2O$	0.449
Cu(Ⅰ)—(0)	$Cu^++e^- \Longrightarrow Cu$	0.521
I(0)—(−Ⅰ)	$I_2+2e^- \Longrightarrow 2I^-$	0.535 5
I(0)—(−Ⅰ)	$I_3{}^-+2e^- \Longrightarrow 3I^-$	0.536
As(Ⅴ)—(Ⅲ)	$H_3AsO_4+2H^++2e^- \Longrightarrow HAsO_2+2H_2O$	0.560
Sb(Ⅴ)—(Ⅲ)	$Sb_2O_5+6H^++4e^- \Longrightarrow 2SbO^++3H_2O$	0.581
Te(Ⅳ)—(0)	$TeO_2+4H^++4e^- \Longrightarrow Te+2H_2O$	0.593
U(Ⅴ)—(Ⅳ)	$UO_2{}^++4H^++e^- \Longrightarrow U^{4+}+2H_2O$	0.612
Pt(Ⅳ)—(Ⅱ)	$[PtCl_6]^{2-}+2e^- \Longrightarrow [PtCl_4]^{2-}+2Cl^-$	0.68
O(0)—(−Ⅰ)	$O_2+2H^++2e^- \Longrightarrow H_2O_2$	0.695
Pt(Ⅱ)—(0)	$[PtCl_4]^{2-}+2e^- \Longrightarrow Pt+4Cl^-$	0.755
Fe(Ⅲ)—(Ⅱ)	$Fe^{3+}+e^- \Longrightarrow Fe^{2+}$	0.771
Hg(Ⅰ)—(0)	$Hg_2{}^{2+}+2e^- \Longrightarrow 2Hg$	0.797 3
Ag(Ⅰ)—(0)	$Ag^++e^- \Longrightarrow Ag$	0.799 6
Os(Ⅷ)—(0)	$OsO_4+8H^++8e^- \Longrightarrow Os+4H_2O$	0.8
N(Ⅴ)—(Ⅳ)	$2NO_3{}^-+4H^++2e^- \Longrightarrow N_2O_4+2H_2O$	0.803
Hg(Ⅱ)—(0)	$Hg^{2+}+2e^- \Longrightarrow Hg$	0.851
Si(Ⅳ)—(0)	$(quartz)SiO_2+4H^++4e^- \Longrightarrow Si+2H_2O$	0.857
Cu(Ⅱ)—(Ⅰ)	$Cu^{2+}+I^-+e^- \Longrightarrow CuI$	0.86
N(Ⅲ)—(Ⅰ)	$2HNO_2+4H^++4e^- \Longrightarrow H_2N_2O_2+2H_2O$	0.86
Hg(Ⅱ)—(Ⅰ)	$2Hg^{2+}+2e^- \Longrightarrow Hg_2{}^{2+}$	0.920
N(Ⅴ)—(Ⅲ)	$NO_3{}^-+3H^++2e^- \Longrightarrow HNO_2+H_2O$	0.934
Pd(Ⅱ)—(0)	$Pd^{2+}+2e^- \Longrightarrow Pd$	0.951
N(Ⅴ)—(Ⅱ)	$NO_3{}^-+4H^++3e^- \Longrightarrow NO+2H_2O$	0.957
N(Ⅲ)—(Ⅱ)	$HNO_2+H^++e^- \Longrightarrow NO+H_2O$	0.983
I(Ⅰ)—(−Ⅰ)	$HIO+H^++2e^- \Longrightarrow I^-+H_2O$	0.987
V(Ⅴ)—(Ⅳ)	$VO_2{}^++2H^++e^- \Longrightarrow VO^{2+}+H_2O$	0.991

续　表

电　对	方　程　式	$\varphi^{\theta}(V)$
V(V)—(IV)	$V(OH)_4^+ + 2H^+ + e^- \Longrightarrow VO^{2+} + 3H_2O$	1.00
Au(III)—(0)	$[AuCl_4]^- + 3e^- \Longrightarrow Au + 4Cl^-$	1.002
Te(VI)—(IV)	$H_6TeO_6 + 2H^+ + 2e^- \Longrightarrow TeO_2 + 4H_2O$	1.02
N(IV)—(II)	$N_2O_4 + 4H^+ + 4e^- \Longrightarrow 2NO + 2H_2O$	1.035
N(IV)—(III)	$N_2O_4 + 2H^+ + 2e^- \Longrightarrow 2HNO_2$	1.065
I(V)—(-I)	$IO_3^- + 6H^+ + 6e^- \Longrightarrow I^- + 3H_2O$	1.085
Br(0)—(-I)	$Br_2(aq) + 2e^- \Longrightarrow 2Br^-$	1.087 3
Se(VI)—(IV)	$SeO_4^{2-} + 4H^+ + 2e^- \Longrightarrow H_2SeO_3 + H_2O$	1.151
Cl(V)—(IV)	$ClO_3^- + 2H^+ + e^- \Longrightarrow ClO_2 + H_2O$	1.152
Pt(II)—(0)	$Pt^{2+} + 2e^- \Longrightarrow Pt$	1.18
Cl(VII)—(V)	$ClO_4^- + 2H^+ + 2e^- \Longrightarrow ClO_3^- + H_2O$	1.189
I(V)—(0)	$2IO_3^- + 12H^+ + 10e^- \Longrightarrow I_2 + 6H_2O$	1.195
Cl(V)—(III)	$ClO_3^- + 3H^+ + 2e^- \Longrightarrow HClO_2 + H_2O$	1.214
Mn(IV)—(II)	$MnO_2 + 4H^+ + 2e^- \Longrightarrow Mn^{2+} + 2H_2O$	1.224
O(0)—(-II)	$O_2 + 4H^+ + 4e^- \Longrightarrow 2H_2O$	1.229
Tl(III)—(I)	$Tl^{3+} + 2e^- \Longrightarrow Tl^+$	1.252
Cl(IV)—(III)	$ClO_2 + H^+ + e^- \Longrightarrow HClO_2$	1.277
N(III)—(I)	$2HNO_2 + 4H^+ + 4e^- \Longrightarrow N_2O + 3H_2O$	1.297
Br(I)—(-I)	$HBrO + H^+ + 2e^- \Longrightarrow Br^- + H_2O$	1.331
Cr(VI)—(III)	$HCrO_4^- + 7H^+ + 3e^- \Longrightarrow Cr^{3+} + 4H_2O$	1.350
Cl(0)—(-I)	$Cl_2(g) + 2e^- \Longrightarrow 2Cl^-$	1.358 27
Cl(VII)—(-I)	$ClO_4^- + 8H^+ + 8e^- \Longrightarrow Cl^- + 4H_2O$	1.389
Cl(VII)—(0)	$ClO_4^- + 8H^+ + 7e^- \Longrightarrow 1/2Cl_2 + 4H_2O$	1.39
Au(III)—(I)	$Au^{3+} + 2e^- \Longrightarrow Au^+$	1.401
Br(V)—(-I)	$BrO_3^- + 6H^+ + 6e^- \Longrightarrow Br^- + 3H_2O$	1.423
I(I)—(0)	$2HIO + 2H^+ + 2e^- \Longrightarrow I_2 + 2H_2O$	1.439
Cl(V)—(-I)	$ClO_3^- + 6H^+ + 6e^- \Longrightarrow Cl^- + 3H_2O$	1.451
Pb(IV)—(II)	$PbO_2 + 4H^+ + 2e^- \Longrightarrow Pb^{2+} + 2H_2O$	1.455
Cl(V)—(0)	$ClO_3^- + 6H^+ + 5e^- \Longrightarrow 1/2Cl_2 + 3H_2O$	1.47
Cl(I)—(-I)	$HClO + H^+ + 2e^- \Longrightarrow Cl^- + H_2O$	1.482
Br(V)—(0)	$BrO_3^- + 6H^+ + 5e^- \Longrightarrow 1/2Br_2 + 3H_2O$	1.482
Au(III)—(0)	$Au^{3+} + 3e^- \Longrightarrow Au$	1.498
Mn(VII)—(II)	$MnO_4^- + 8H^+ + 5e^- \Longrightarrow Mn^{2+} + 4H_2O$	1.507
Mn(III)—(II)	$Mn^{3+} + e^- \Longrightarrow Mn^{2+}$	1.541 5
Cl(III)—(-I)	$HClO_2 + 3H^+ + 4e^- \Longrightarrow Cl^- + 2H_2O$	1.570
Br(I)—(0)	$HBrO + H^+ + e^- \Longrightarrow 1/2Br_2(aq) + H_2O$	1.574
N(II)—(I)	$2NO + 2H^+ + 2e^- \Longrightarrow N_2O + H_2O$	1.591
I(VII)—(V)	$H_5IO_6 + H^+ + 2e^- \Longrightarrow IO_3^- + 3H_2O$	1.601
Cl(I)—(0)	$HClO + H^+ + e^- \Longrightarrow 1/2Cl_2 + H_2O$	1.611
Cl(III)—(I)	$HClO_2 + 2H^+ + 2e^- \Longrightarrow HClO + H_2O$	1.645
Ni(IV)—(II)	$NiO_2 + 4H^+ + 2e^- \Longrightarrow Ni^{2+} + 2H_2O$	1.678

续　表

电　对	方　程　式	φ^{θ}（V）
Mn（Ⅶ）—（Ⅳ）	$MnO_4^- + 4H^+ + 3e^- \Longrightarrow MnO_2 + 2H_2O$	1.679
Pb（Ⅳ）—（Ⅱ）	$PbO_2 + SO_4^{2-} + 4H^+ + 2e^- \Longrightarrow PbSO_4 + 2H_2O$	1.691 3
Au（Ⅰ）—（0）	$Au^+ + e^- \Longrightarrow Au$	1.692
Ce（Ⅳ）—（Ⅲ）	$Ce^{4+} + e^- \Longrightarrow Ce^{3+}$	1.72
N（Ⅰ）—（0）	$N_2O + 2H^+ + 2e^- \Longrightarrow N_2 + H_2O$	1.766
O（－Ⅰ）—（－Ⅱ）	$H_2O_2 + 2H^+ + 2e^- \Longrightarrow 2H_2O$	1.776
Co（Ⅲ）—（Ⅱ）	$Co^{3+} + e^- \Longrightarrow Co^{2+}$（2 mol·L^{-1} H$_2SO_4$）	1.83
Ag（Ⅱ）—（Ⅰ）	$Ag^{2+} + e^- \Longrightarrow Ag^+$	1.980
S（Ⅶ）—（Ⅵ）	$S_2O_8^{2-} + 2e^- \Longrightarrow 2SO_4^{2-}$	2.010
O（0）—（－Ⅱ）	$O_3 + 2H^+ + 2e^- \Longrightarrow O_2 + H_2O$	2.076
O（Ⅱ）—（－Ⅱ）	$F_2O + 2H^+ + 4e^- \Longrightarrow H_2O + 2F^-$	2.153
Fe（Ⅵ）—（Ⅲ）	$FeO_4^{2-} + 8H^+ + 3e^- \Longrightarrow Fe^{3+} + 4H_2O$	2.20
O（0）—（－Ⅱ）	$O(g) + 2H^+ + 2e^- \Longrightarrow H_2O$	2.421
F（0）—（－Ⅰ）	$F_2 + 2e^- \Longrightarrow 2F^-$	2.866
	$F_2 + 2H^+ + 2e^- \Longrightarrow 2HF$	3.053

2. 在碱性溶液中

电　对	方　程　式	φ^{θ}（V）
Ca（Ⅱ）—（0）	$Ca(OH)_2 + 2e^- \Longrightarrow Ca + 2OH^-$	－3.02
Ba（Ⅱ）—（0）	$Ba(OH)_2 + 2e^- \Longrightarrow Ba + 2OH^-$	－2.99
La（Ⅲ）—（0）	$La(OH)_3 + 3e^- \Longrightarrow La + 3OH^-$	－2.90
Sr（Ⅱ）—（0）	$Sr(OH)_2 \cdot 8H_2O + 2e^- \Longrightarrow Sr + 2OH^- + 8H_2O$	－2.88
Mg（Ⅱ）—（0）	$Mg(OH)_2 + 2e^- \Longrightarrow Mg + 2OH^-$	－2.690
Be（Ⅱ）—（0）	$Be_2O_3^{2-} + 3H_2O + 4e^- \Longrightarrow 2Be + 6OH^-$	－2.63
Hf（Ⅳ）—（0）	$HfO(OH)_2 + H_2O + 4e^- \Longrightarrow Hf + 4OH^-$	－2.50
Zr（Ⅳ）—（0）	$H_2ZrO_3 + H_2O + 4e^- \Longrightarrow Zr + 4OH^-$	－2.36
Al（Ⅲ）—（0）	$H_2AlO_3^- + H_2O + 3e^- \Longrightarrow Al + OH^-$	－2.33
P（Ⅰ）—（0）	$H_2PO_2^- + e^- \Longrightarrow P + 2OH^-$	－1.82
B（Ⅲ）—（0）	$H_2BO_3^- + H_2O + 3e^- \Longrightarrow B + 4OH^-$	－1.79
P（Ⅲ）—（0）	$HPO_3^{2-} + 2H_2O + 3e^- \Longrightarrow P + 5OH^-$	－1.71
Si（Ⅳ）—（0）	$SiO_3^{2-} + 3H_2O + 4e^- \Longrightarrow Si + 6OH^-$	－1.697
P（Ⅲ）—（Ⅰ）	$HPO_3^{2-} + 2H_2O + 2e^- \Longrightarrow H_2PO_2^- + 3OH^-$	－1.65
Mn（Ⅱ）—（0）	$Mn(OH)_2 + 2e^- \Longrightarrow Mn + 2OH^-$	－1.56
Cr（Ⅲ）—（0）	$Cr(OH)_3 + 3e^- \Longrightarrow Cr + 3OH^-$	－1.48
Zn（Ⅱ）—（0）	$Zn(OH)_2 + 2e^- \Longrightarrow Zn + 2OH^-$	－1.249
Ga（Ⅲ）—（0）	$H_2GaO_3^- + H_2O + 2e^- \Longrightarrow Ga + 4OH^-$	－1.219
Zn（Ⅱ）—（0）	$ZnO_2^{2-} + 2H_2O + 2e^- \Longrightarrow Zn + 4OH^-$	－1.215
Cr（Ⅲ）—（0）	$CrO_2^- + 2H_2O + 3e^- \Longrightarrow Cr + 4OH^-$	－1.2
Te（0）—（－Ⅰ）	$Te + 2e^- \Longrightarrow Te^{2-}$	－1.143

续　表

电　对	方程式	$\varphi^{\theta}(\mathbf{V})$
P(V)—(Ⅲ)	$PO_4^{3-}+2H_2O+2e^-\Longrightarrow HPO_3^{2-}+3OH^-$	-1.05
Sn(Ⅳ)—(Ⅱ)	$[Sn(OH)_6]^{2-}+2e^-\Longrightarrow HSnO_2^-+H_2O+3OH^-$	-0.93
S(Ⅵ)—(Ⅳ)	$SO_4^{2-}+H_2O+2e^-\Longrightarrow SO_3^{2-}+2OH^-$	-0.93
Se(0)—(-Ⅱ)	$Se+2e^-\Longrightarrow Se^{2-}$	-0.924
Sn(Ⅱ)—(0)	$HSnO_2^-+H_2O+2e^-\Longrightarrow Sn+3OH^-$	-0.909
P(0)—(-Ⅲ)	$P+3H_2O+3e^-\Longrightarrow PH_3(g)+3OH^-$	-0.87
N(V)—(Ⅳ)	$2NO_3^-+2H_2O+2e^-\Longrightarrow N_2O_4+4OH^-$	-0.85
H(Ⅰ)—(0)	$2H_2O+2e^-\Longrightarrow H_2+2OH^-$	-0.8277
Cd(Ⅱ)—(0)	$Cd(OH)_2+2e^-\Longrightarrow Cd(Hg)+2OH^-$	-0.809
Co(Ⅱ)—(0)	$Co(OH)_2+2e^-\Longrightarrow Co+2OH^-$	-0.73
Ni(Ⅱ)—(0)	$Ni(OH)_2+2e^-\Longrightarrow Ni+2OH^-$	-0.72
As(V)—(Ⅲ)	$AsO_4^{3-}+2H_2O+2e^-\Longrightarrow AsO_2^-+4OH^-$	-0.71
Ag(Ⅰ)—(0)	$Ag_2S+2e^-\Longrightarrow 2Ag+S^{2-}$	-0.691
As(Ⅲ)—(0)	$AsO_2^-+2H_2O+3e^-\Longrightarrow As+4OH^-$	-0.68
Sb(Ⅲ)—(0)	$SbO_2^-+2H_2O+3e^-\Longrightarrow Sb+4OH^-$	-0.66
Re(Ⅶ)—(0)	$ReO_4^-+4H_2O+7e^-\Longrightarrow Re+8OH^-$	-0.584
Te(Ⅳ)—(0)	$TeO_3^{2-}+3H_2O+4e^-\Longrightarrow Te+6OH^-$	-0.57
Fe(Ⅲ)—(Ⅱ)	$Fe(OH)_3+e^-\Longrightarrow Fe(OH)_2+OH^-$	-0.56
S(0)—(-Ⅱ)	$S+2e^-\Longrightarrow S^{2-}$	-0.47627
Bi(Ⅲ)—(0)	$Bi_2O_3+3H_2O+6e^-\Longrightarrow 2Bi+6OH^-$	-0.46
N(Ⅲ)—(Ⅱ)	$NO_2^-+H_2O+e^-\Longrightarrow NO+2OH^-$	-0.46
Se(Ⅳ)—(0)	$SeO_3^{2-}+3H_2O+4e^-\Longrightarrow Se+6OH^-$	-0.366
Cu(Ⅰ)—(0)	$Cu_2O+H_2O+2e^-\Longrightarrow 2Cu+2OH^-$	-0.360
Tl(Ⅰ)—(0)	$Tl(OH)+e^-\Longrightarrow Tl+OH^-$	-0.34
Cu(Ⅱ)—(0)	$Cu(OH)_2+2e^-\Longrightarrow Cu+2OH^-$	-0.222
Cr(Ⅵ)—(Ⅲ)	$CrO_4^{2-}+4H_2O+3e^-\Longrightarrow Cr(OH)_3+5OH^-$	-0.13
O(0)—(-Ⅰ)	$O_2+H_2O+2e^-\Longrightarrow HO_2^-+OH^-$	-0.076
Ag(Ⅰ)—(0)	$AgCN+e^-\Longrightarrow Ag+CN^-$	-0.017
N(V)—(Ⅲ)	$NO_3^-+H_2O+2e^-\Longrightarrow NO_2^-+2OH^-$	0.01
Se(Ⅵ)—(Ⅳ)	$SeO_4^{2-}+H_2O+2e^-\Longrightarrow SeO_3^{2-}+2OH^-$	0.05
Pd(Ⅱ)—(0)	$Pd(OH)_2+2e^-\Longrightarrow Pd+2OH^-$	0.07
S(Ⅱ,V)—(Ⅱ)	$S_4O_6^{2-}+2e^-\Longrightarrow 2S_2O_3^{2-}$	0.08
Hg(Ⅱ)—(0)	$HgO+H_2O+2e^-\Longrightarrow Hg+2OH^-$	0.0977
Co(Ⅲ)—(Ⅱ)	$[Co(NH_3)_6]^{3+}+e^-\Longrightarrow [Co(NH_3)_6]^{2+}$	0.108
Pt(Ⅱ)—(0)	$Pt(OH)_2+2e^-\Longrightarrow Pt+2OH^-$	0.14
Co(Ⅲ)—(Ⅱ)	$Co(OH)_3+e^-\Longrightarrow Co(OH)_2+OH^-$	0.17
Pb(Ⅳ)—(Ⅱ)	$PbO_2+H_2O+2e^-\Longrightarrow PbO+2OH^-$	0.247
I(V)—(-Ⅰ)	$IO_3^-+3H_2O+6e^-\Longrightarrow I^-+6OH^-$	0.26
Cl(V)—(Ⅲ)	$ClO_3^-+H_2O+2e^-\Longrightarrow ClO_2^-+2OH^-$	0.33
Ag(Ⅰ)—(0)	$Ag_2O+H_2O+2e^-\Longrightarrow 2Ag+2OH^-$	0.342
Fe(Ⅲ)—(Ⅱ)	$[Fe(CN)_6]^{3-}+e^-\Longrightarrow [Fe(CN)_6]^{4-}$	0.358

续　表

电　对	方程式	φ^{θ}(V)
Cl(Ⅶ)—(Ⅴ)	$ClO_4^- + H_2O + 2e^- \rightleftharpoons ClO_3^- + 2OH^-$	0.36
O(0)—(−Ⅱ)	$O_2 + 2H_2O + 4e^- \rightleftharpoons 4OH^-$	0.401
I(Ⅰ)—(−Ⅰ)	$IO^- + H_2O + 2e^- \rightleftharpoons I^- + 2OH^-$	0.485
Mn(Ⅶ)—(Ⅵ)	$MnO_4^- + e^- \rightleftharpoons MnO_4^{2-}$	0.558
Mn(Ⅶ)—(Ⅳ)	$MnO_4^- + 2H_2O + 3e^- \rightleftharpoons MnO_2 + 4OH^-$	0.595
Mn(Ⅵ)—(Ⅳ)	$MnO_4^{2-} + 2H_2O + 2e^- \rightleftharpoons MnO_2 + 4OH^-$	0.60
Ag(Ⅱ)—(Ⅰ)	$2AgO + H_2O + 2e^- \rightleftharpoons Ag_2O + 2OH^-$	0.607
Br(Ⅴ)—(−Ⅰ)	$BrO_3^- + 3H_2O + 6e^- \rightleftharpoons Br^- + 6OH^-$	0.61
Cl(Ⅴ)—(−Ⅰ)	$ClO_3^- + 3H_2O + 6e^- \rightleftharpoons Cl^- + 6OH^-$	0.62
Cl(Ⅲ)—(Ⅰ)	$ClO_2^- + H_2O + 2e^- \rightleftharpoons ClO^- + 2OH^-$	0.66
I(Ⅶ)—(Ⅴ)	$H_3IO_6^{2-} + 2e^- \rightleftharpoons IO_3^- + 3OH^-$	0.7
Cl(Ⅲ)—(−Ⅰ)	$ClO_2^- + 2H_2O + 4e^- \rightleftharpoons Cl^- + 4OH^-$	0.76
Br(Ⅰ)—(−Ⅰ)	$BrO^- + H_2O + 2e^- \rightleftharpoons Br^- + 2OH^-$	0.761
Cl(Ⅰ)—(−Ⅰ)	$ClO^- + H_2O + 2e^- \rightleftharpoons Cl^- + 2OH^-$	0.841
O(0)—(−Ⅱ)	$O_3 + H_2O + 2e^- \rightleftharpoons O_2 + 2OH^-$	1.24

部分习题答案

无·机·及·分·析·化·学

第一章

一、选择题

1. C **2.** B **3.** A **4.** A **5.** D **6.** A **7.** B **8.** B **9.** C **10.** B **11.** B **12.** B
13. C **14.** A **15.** B **16.** B

二、简答题

略

第二章

一、选择题

1. A **2.** C **3.** D **4.** B **5.** A **6.** B **7.** E **8.** C **9.** A **10.** B **11.** D **12.** C
13. B **14.** C **15.** C **16.** A **17.** A **18.** D

二、简答题

略

第三章

一、选择题

1. D **2.** A **3.** E **4.** A **5.** A **6.** D **7.** E **8.** B **9.** B **10.** C **11.** B **12.** A
13. D

二、计算题

1. 3 000 g **2.** 9 g • L^{-1} **3.** 154 mmol • L^{-1} **4.** 9 g, 991 g **5.** 10. 2 ml **6.** 27. 1 ml
7. 1 578. 9 ml **8.** 5%

第四章

一、选择题

1. C **2.** E **3.** A **4.** E **5.** C **6.** D **7.** C **8.** B **9.** E **10.** D **11.** D **12.** A

13. D **14.** B **15.** E **16.** A

二、计算题

1. (1) [CO] = 0.33 mol·L⁻¹, [CO₂] = 0.67 mol·L⁻¹ (2) CO 的转化率为 67% **2.** (1) 平衡时各物质的浓度均为 1 mol·L⁻¹ (2) NO₂ 的平衡转化率为 95.5%

第五章

一、选择题

1. D **2.** E **3.** E **4.** D **5.** D **6.** B **7.** C **8.** A **9.** B **10.** D **11.** C **12.** A

13. B **14.** D **15.** A **16.** C **17.** A

二、名词解释

略

三、计算题

1. (1) 5.55 (2) 0.586 (3) 5.14×10³ (4) 5.33 (5) 1.35 (6) 3.58 (7) 58.7 (8) 218

2. (1) 8.88 (2) 98.3 (3) 0.000 021 3 (4) 0.288 (5) 8.98 **3.** 90.43%；0.036%；

0.04%；0.05% **4.** 95.43%；0.37%；0.39%

第六章

一、选择题

1. E **2.** C **3.** B **4.** C **5.** D **6.** C **7.** D **8.** C **9.** B **10.** D **11.** B **12.** C **13.** E

14. B **15.** E

二、简答题

略

三、名词解释

略

四、计算题

1. 0.003 650 g·ml⁻¹   0.004 000 g·ml⁻¹   **2.** 0.016 00 g   **3.** 取 4 g NaOH 溶于少量水后,转移至 1 L 容量瓶中,定容至 1 L。

第七章

一、选择题

1. D **2.** B **3.** C **4.** C **5.** B **6.** C **7.** B **8.** D **9.** B **10.** A **11.** E **12.** A

13. C **14.** C **15.** D **16.** D

二、名词解释

略

三、简答题

略

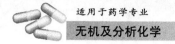
四、计算题

1. 0.155 6 mol·L^{-1} **2.** 64.45％ **3.** 0.095 29 mol·L^{-1} **4.** 5.5×10^{-8} **5.** 2.87
6. 58.80％ **7.** 40.92％

第八章

一、选择题

1. C **2.** A **3.** A **4.** A **5.** C **6.** A **7.** A **8.** A **9.** D **10.** D **11.** A **12.** C
13. A **14.** B **15.** C

二、名词解释

略

三、计算题

1. 0.129 16 mol·L^{-1} **2.** 0.064 59 mol·L^{-1} **3.** 70.06％ **4.** 0.035 37 g·ml^{-1}

第九章

一、选择题

1. E **2.** C **3.** D **4.** D **5.** D **6.** C **7.** A **8.** D **9.** B **10.** B **11.** D **12.** D
13. B **14.** A **15.** C

二、根据下列名称写出配合物的化学式

略

三、简答题

略

四、计算题

1. 99.6％ **2.** 95.8％ **3.** 0.019 83 mol·L^{-1} **4.** 1.686 g·L^{-1} **5.** 0.075 09 mol·L^{-1}

第十章

一、选择题

1. C **2.** B **3.** A **4.** B **5.** D **6.** E **7.** A **8.** B **9.** B **10.** C **11.** B **12.** A
13. C **14.** A **15.** A **16.** B

二、名词解释

略

三、计算题

1. 80.3％ **2.** 77.56％ **3.** 23.13％ **4.** 26.30 g **5.** 0.022 48 g·ml^{-1}

参考文献

1. 石宝珏. 无机及分析化学. 北京:人民卫生出版社,2008.
2. 谢庆娟,杨其绛. 分析化学. 北京:人民卫生出版社,2009.
3. 刘斌,无机化学. 北京:科学出版社,2009.
4. 訾少锋. 药用化学基础. 北京:化学工业出版社,2010.
5. 韩忠霄,孙乃有. 无机及分析化学. 2版. 北京:化学工业出版社,2010.
6. 刘德育,刘有训. 无机化学. 北京:科学出版社,2009.
7. 杨丽敏. 药用化学. 北京:化学工业出版社,2008.
8. 张天蓝. 无机化学. 6版. 北京:人民卫生出版社,2011.
9. 李发美. 分析化学. 7版. 北京:人民卫生出版社,2011.
10. 胡琴,黄庆华. 分析化学. 北京:科学出版社,2009.
11. 邱细敏,朱开梅. 分析化学. 北京:中国医药科技出版社,2012.
12. 马长华,曾元儿. 分析化学. 北京:科学出版社,2006.
13. 张梅,池玉梅. 分析化学. 北京:中国医药科技出版社,2014.
14. 谢庆娟,杨其绛. 归纳·释疑·提升练习——分析化学分册. 北京:人民卫生出版社,2010.
15. 傅春华. 归纳·释疑·提升练习——基础化学分册. 北京:人民卫生出版社,2010.
16. 刘斌. 归纳·释疑·提升练习——无机化学分册. 北京:人民卫生出版社,2010.
17. 潘国石. 分析化学学习指导与习题集. 2版. 北京:人民卫生出版社,2010.
18. 朱琴玉,周为群. 无机及分析化学习题课教程. 苏州:苏州大学出版社,2010.

图书在版编目(CIP)数据

无机及分析化学/赵梅主编. 一上海:复旦大学出版社,2015.9(2020.1重印)
医药高职高专院校药学教材
ISBN 978-7-309-11680-9

Ⅰ.无… Ⅱ.赵… Ⅲ.①无机化学-高等职业教育-教材②分析化学-高等职业教育-教材
Ⅳ.①O61②O65

中国版本图书馆 CIP 数据核字(2015)第 175924 号

无机及分析化学
赵 梅 主编
责任编辑/魏 岚

复旦大学出版社有限公司出版发行
上海市国权路 579 号 邮编:200433
网址:fupnet@fudanpress.com http://www.fudanpress.com
门市零售:86-21-65642857 团体订购:86-21-65118853
外埠邮购:86-21-65109143 出版部电话:86-21-65642845
江苏凤凰数码印务有限公司

开本 787 × 1092 1/16 印张 11.25 字数 260 千
2020 年 1 月第 1 版第 5 次印刷

ISBN 978-7-309-11680-9/O · 572
定价:40.00 元

元素周期表

周期＼族	IA	IIA	IIIB	IVB	VB	VIB	VIIB	VIII			IB	IIB	IIIA	IVA	VA	VIA	VIIA	0
1	1 H 氢 1.008																	2 He 氦 4.003
2	3 Li 锂 6.941	4 Be 铍 9.012											5 B 硼 10.81	6 C 碳 12.01	7 N 氮 14.01	8 O 氧 16.00	9 F 氟 19.00	10 Ne 氖 20.18
3	11 Na 钠 22.99	12 Mg 镁 24.31											13 Al 铝 26.98	14 Si 硅 28.09	15 P 磷 30.97	16 S 硫 32.06	17 Cl 氯 35.45	18 Ar 氩 39.95
4	19 K 钾 39.10	20 Ca 钙 40.08	21 Sc 钪 44.96	22 Ti 钛 47.87	23 V 钒 50.94	24 Cr 铬 52.00	25 Mn 锰 54.94	26 Fe 铁 55.85	27 Co 钴 58.93	28 Ni 镍 58.69	29 Cu 铜 63.55	30 Zn 锌 65.41	31 Ga 镓 69.72	32 Ge 锗 72.64	33 As 砷 74.92	34 Se 硒 78.96	35 Br 溴 79.90	36 Kr 氪 83.80
5	37 Rb 铷 85.47	38 Sr 锶 87.62	39 Y 钇 88.91	40 Zr 锆 91.22	41 Nb 铌 92.91	42 Mo 钼 95.94	43 Tc 锝* [98]	44 Ru 钌 102.9	45 Rh 铑 102.9	46 Pd 钯 106.4	47 Ag 银 107.9	48 Cd 镉 112.4	49 In 铟 114.8	50 Sn 锡 118.7	51 Sb 锑 121.8	52 Te 碲 127.6	53 I 碘 126.9	54 Xe 氙 131.3
6	55 Cs 铯 132.9	56 Ba 钡 137.3	57~71 La~Lu 镧系	72 Hf 铪 178.5	73 Ta 钽 180.9	74 W 钨 183.8	75 Re 铼 186.2	76 Os 锇 190.2	77 Ir 铱 192.2	78 Pt 铂 195.1	79 Au 金 197.0	80 Hg 汞 200.6	81 Tl 铊 204.4	82 Pb 铅 207.2	83 Bi 铋 209.0	84 Po 钋* [209]	85 At 砹* [210]	86 Rn 氡 [222]
7	87 Fr 钫 [223]	88 Ra 镭 [226]	89~103 Ac~Lr 锕系	104 Rf 𬬻* [261]	105 Db 𬭊* [262]	106 Sg 𬭳* [266]	107 Bh 𬭛* [264]	108 Hs 镙 [277]	109 Mt 鿏 [268]	110 Ds 𫟼 [281]	111 Rg 𬬭* [272]	112 Cn 铜* [285]	113 Uut* [284]	114 Uuq* [289]	115 Uup* [288]	116 Uuh* [292]	117 Uus* [291]	118 Uuo* [293]

镧系	57 La 镧 138.9	58 Ce 铈 140.1	59 Pr 镨 140.9	60 Nd 钕 144.2	61 Pm 钷* [145]	62 Sm 钐 150.4	63 Eu 铕 152.0	64 Gd 钆 157.3	65 Tb 铽 158.9	66 Dy 镝 162.5	67 Ho 钬 164.9	68 Er 铒 167.3	69 Tm 铥 168.9	70 Yb 镱 173.0	71 Lu 镥 175.0
锕系	89 Ac 锕 [227]	90 Th 钍 232.0	91 Pa 镤 231.0	92 U 铀 238.0	93 Np 镎 237	94 Pu 钚 [244]	95 Am 镅* [243]	96 Cm 锔* [247]	97 Bk 锫* [147]	98 Cf 锎* [251]	99 Es 锿* [252]	100 Fm 镄* [257]	101 Md 钔* [258]	102 No 锘* [259]	103 Lr 铹* [262]